学研の図鑑 LIVE ライブ

ひみつの
新装版
クイズ図鑑（ずかん）

ひみつのクイズ
100問（もん）！
いくつ答（こた）えられる
かな？

ひみつのクイズ図鑑　もくじ

この図鑑では、生き物の大きさなどを、下のように表しています。

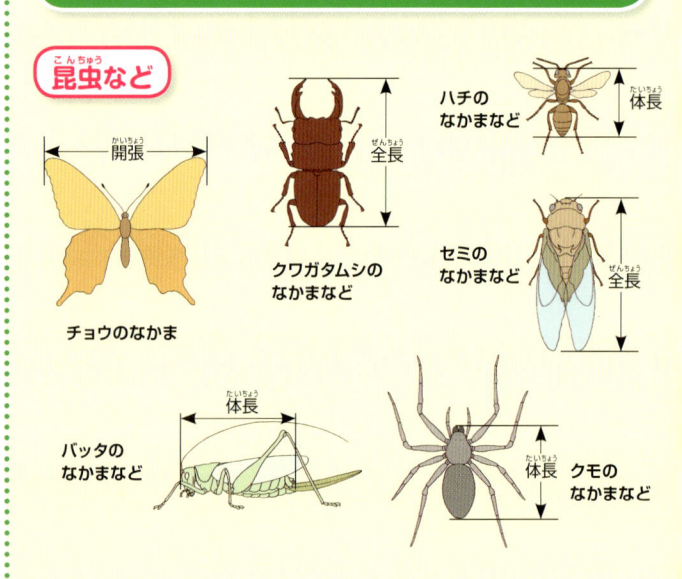

昆虫など

開張

チョウのなかま

全長

クワガタムシの
なかまなど

ハチの
なかまなど

体長

セミの
なかまなど

全長

バッタの
なかまなど

体長

体長

クモの
なかまなど

単位

■長さ… mmは、ミリメートルです。
cmは、センチメートルです。（1cmは、10mmです。）
mは、メートルです。（1mは、100cmです。）
kmは、キロメートルです。（1kmは、1000mです。）
■重さ… gは、グラムです。
kgは、キログラムです。（1kgは、1000gです。）
tは、トンです。（1tは、1000kgです。）

動物など

全長

甲長

体長

尾長

頭までの高さ

体高

← 鳥の翼開長は、翼を広げたときの右のはしから左のはしまでの長さです。

全長

体長

体長

殻径

体長

甲幅

■面積… ㎠は、平方センチメートルです。（１辺が１㎝の正方形と同じ面積です。）
　　　　㎡は、平方メートルです。（１辺が１ｍの正方形と同じ面積です。）
　　　　㎢は、平方キロメートルです。（１辺が１㎞の正方形と同じ面積です。）
■体積… ㎤は、立方センチメートルです。（１辺が１㎝の立方体と同じ体積です。）
　　　　㎥は、立方メートルです。（１辺が１ｍの立方体と同じ体積です。）
■速さ… 時速は、１時間に進むきょりです。

ティラノサウルスの短い前あし、何に使った？

最大級の肉食恐竜、ティラノサウルスですが、その前あしは、人間の大人くらいの長さです。

短い前あしは、何に使ったと考えられているでしょう？

❶ 地面をほった

❷ 戦いに使った

❸ 起き上がるささえにした

起き上がるときの
ささえになった!?

　短い前あしの骨は、とてもがんじょうにできていました。また、前あしで重いものを持ち上げていたことが、むねの骨のけがのあとからもわかっています。

　このようなことから、しゃがんだティラノサウルスが起き上がるときに、前あしをささえにしたという研究が、注目されているのです。

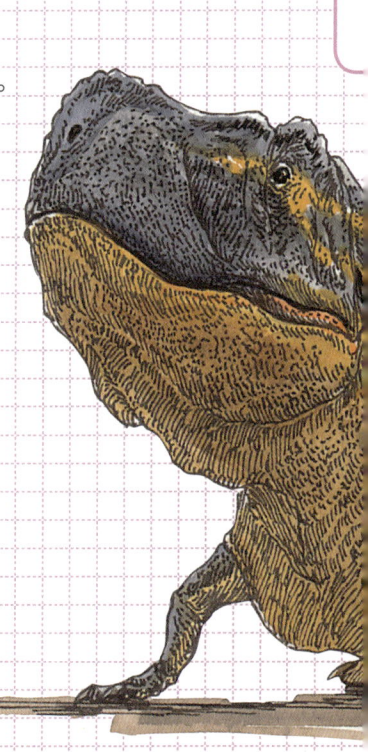

ティラノサウルス
- 全長：13m
- 生きていた時代：
  白亜紀後期（約6600万年前）
- 化石産出地：カナダ、アメリカ
- 食性：肉食

ティラノサウルスの骨格

鼻の穴

目の穴

太い歯

短い前あし

太くて長い尾

トラは 動物から見ると どのように 見える？

トラの体には、目立つしまもようがあります。ほかの動物から見ると、どのように見えるでしょう。

ぼくたち、ヒトには、とても目立って見えるね。

❶ カラーに見える

❷ 白黒に見える

**❸ トラだけカラーに
見える**

ほとんどの動物には白黒に見える

　ほとんどの動物には色は見えません。トラのしまもようも、白黒で見ると、草などにまぎれて見えにくくなっています。

トラ
- ■体長：140～280cm
- ／尾長：60～110cm
- ■体重：65～306kg
- ■分布：アジア中部～東部

色が見える生き物たち

わたしたちヒトも含めたサルのなかまや、鳥、一部の昆虫なども色が見えるといわれています。これらのなかまはカラフルな体色をもつものも多いです。ただし色の見えるはんいは種によってさまざまで、一部の鳥や昆虫は、ヒトが見えない紫外線も見ることができます。

はでな顔の
マンドリルのおす

↑青色のはねをもつルリビタキのおす

全身あざやかなオシドリのおす

13

ゾウの鼻(はな)には骨(ほね)が

長(なが)いゾウの鼻(はな)。器用(きよう)に動(うご)きますが、骨(ほね)はあるのでしょうか？

ある？

1 ある
2 ない
3 半分まである

鼻でいろいろつかめるよ。

アジアゾウ
■体長：550〜640㎝
■体高：250〜300㎝
■体重：2700〜5400kg
■分布：東南アジア、中国南部

ゾウの鼻には骨はない

ゾウは鼻を使い、いろいろなことができます。ゾウの鼻には骨はなく、筋肉で自由に動かすことができます。

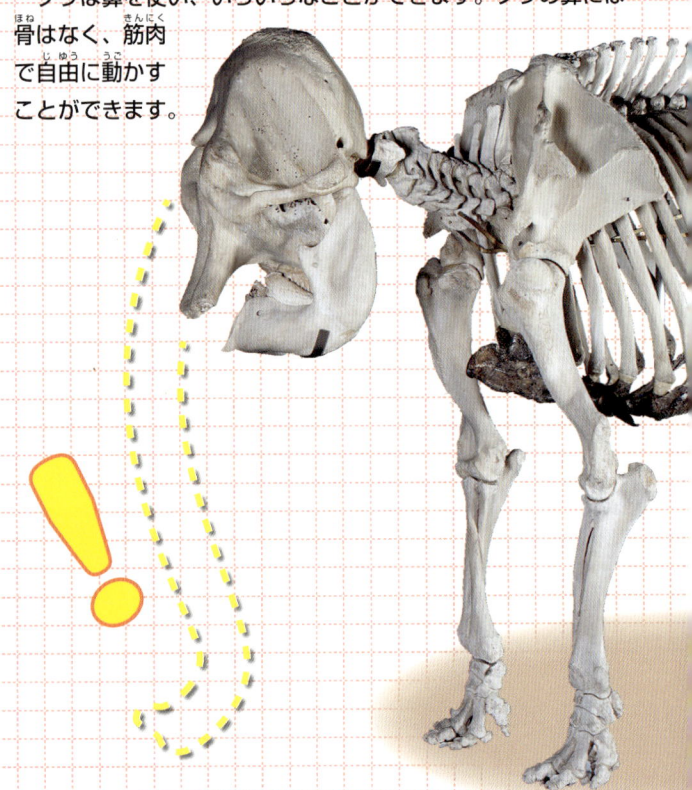

体を動かさず、鼻がのびた

　ゾウの鼻がおどろくほど長いのは、進化するにつれて体が大きくなったとき、4本あしのまま木の葉や草などを食べたり、水を飲んだりするのに適応したからだと考えられています。何かをするのにいちいち立ち上がったり、しゃがんだりするのには大きなエネルギーが必要で、生きていくには具合が悪かったのです。

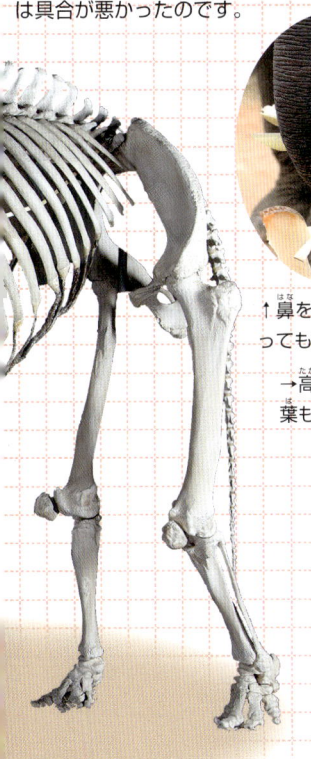

↑鼻を手のように使ってものをつかむ。

→高いところの木の葉も食べられる。

大昔のゾウの鼻は長くなかった

　4000万〜3200万年前にいたゾウのなかまの祖先です。肩までの高さが60cmほどで鼻もそれほど長くなく、きばもありません。

メリテリウム

17

ラクダのこぶには何が入っている？

砂漠などにくらすラクダ。こぶには砂漠でくらすひみつがつまっています。何でしょう？

砂漠は暑くて水も植物も少ないところだよ。

①水（みず）
②筋肉（きんにく）
③脂肪（しぼう）

ヒトコブラクダ
- ■体長（たいちょう）:300㎝
- ■体高（たいこう）:180〜210㎝
- ■体重（たいじゅう）:600〜1000kg
- ■分布（ふんぷ）:北アフリカ（きた）、アジア南西部（なんせいぶ）

19

ラクダのこぶには脂肪が入っている

ラクダのこぶの中には、50〜80kgにもなる脂肪が入っています。この脂肪を栄養にして、長い間食べていなくても平気です。

砂漠で生きるラクダの特ちょう

ほかにもラクダの体には、砂漠で生きるひみつがあります。

まつ毛は長く、鼻の穴は閉じることができ、耳には長い毛があって、砂が入らないようになっています。

ひづめははばが広く、砂にもぐりにくくなっているので砂漠を歩きやすくなっています。

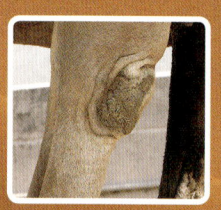

すわったとき砂地にふれる部分には、ひふがかたくなった「たこ」があるので、熱い砂の上にもすわれます。

ラクダのこぶには、太陽の熱をさえぎるはたらきもあります。

こぶのちがいで2種いるラクダ

フタコブラクダ

　ラクダにはヒトコブラクダとフタコブラクダがいます。ヒトコブラクダは、西アジアやアフリカで「砂漠の船」として働いてきましたが、野生のものは絶滅してしまいました。フタコブラクダは中央アジアの砂漠地帯に生息していますが、野生のものは600頭以下で、絶滅が心配されています。

キリンの首(くび)の骨(ほね)はいくつ？

❶ 7
❷ 70
❸ 700

長(なが)い首(くび)には、骨(ほね)がいくつあるのでしょう？

ヒトの首(くび)の骨(ほね)は7つあるよ。

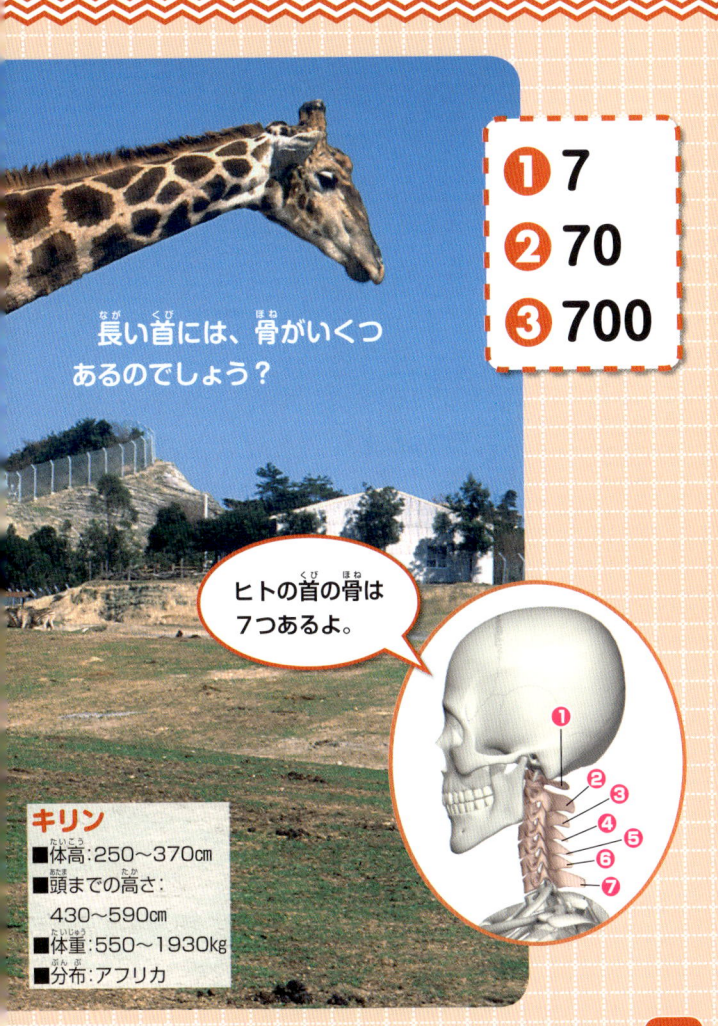

キリン
■体高(たいこう)：250〜370㎝
■頭(あたま)までの高(たか)さ：
　430〜590㎝
■体重(たいじゅう)：550〜1930kg
■分布(ぶんぷ)：アフリカ

23

キリンもヒトも首の骨は7つ

　キリンもヒトも同じ哺乳類です。ほとんどの哺乳類の首の骨の数は、7つです。キリンの首の骨は、ひとつひとつが長いのです。

❻

❼

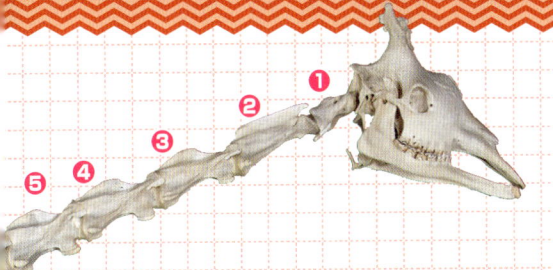

水を飲むために、首がのびた

　キリンは、水を飲むために首が長くなったと考えられます。キリンの祖先は小型で首も長くありませんでしたが、森から草原に出て大型化し、あしも長くなりました。あしが長くて首が短ければ水を飲むのにいちいち前あしを折り曲げなければならず、ライオンなどにおそわれたときすぐに逃げられません。首が長くなり、しゃがまなくても水が飲めるものだけが生き残ったのでしょう。また、首が長くなったことにより、ほかの草食動物にはとどかない高いところの木の葉を食べることができ、遠くの敵をいち早く発見できるようにもなりました。

首が長いから、あしが長くてもしゃがまずに水が飲める。

高いところの木の葉も食べられる。

ヘビがえものの熱(ねつ)を

一部(いちぶ)のヘビは、えものの熱(ねつ)をある場所(ばしょ)で感(かん)じてさがします。どこでしょう？

❶目(め)の前(まえ)
❷頭(あたま)のてっぺん
❸下(した)あご

③

感<ruby>感<rt>かん</rt></ruby>じるのはどこ？

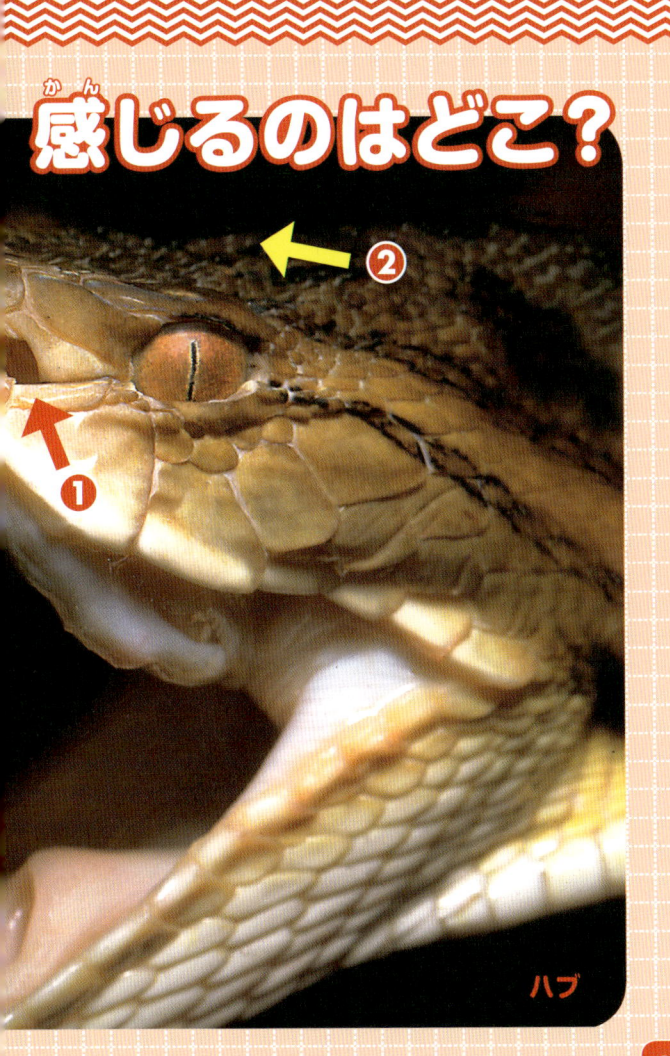

②
①

ハブ

目の前の「ピット」で熱を感じる

ハブやマムシ、ガラガラヘビには、目の前にピットという熱を感じる器官があります。

えものの大きさやきょり、方向までわかるのです。

うまそうなカエルだ。

ハブ
- ■全長：100〜200㎝
- ■分布：奄美群島、沖縄諸島

ニホンマムシ
- ■全長：40〜65㎝
- ■分布：北海道、本州、四国、九州

毒でえものの動きを止めてから食べる

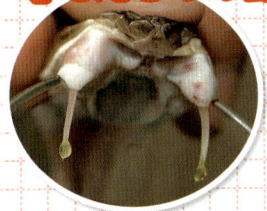

ハブやコブラなどの毒ヘビは、えものをとらえるときに毒を使います。えものを見つけたらすばやくかみつき、毒が回って動けなくなってから、ゆっくりと飲みこみます。こうすることで、えものがあばれて自分がけがをすることなく、安全に食べられるのです。

↑ハブから毒を取り出しているところ。この毒から血清をつくります。

ほかにもたくさん！
有毒生物

毒をもつ動物は、昆虫や爬虫類、両生類、魚類に多くいます。毒は体内で合成できるものと、えものから毒を得ているものがいます。

キイロスズメバチ
毒液が出る針で刺します。刺すのはめすだけで、おすには毒針はありません。

ジャイアントデザートヘアリースコーピオン
尾の先に毒針があるサソリです。えものをつかまえるときや身を守るためにも使います。

コバルトヤドクガエル
ひふから強い毒を出して、敵から身を守ります。毒はアリやダニなどを食べることで、体内にためられます。

オニダルマオコゼ
背びれのとげに強い毒があります。おそわれても背びれで身を守ります。

カツオノエボシ
触手に強い毒をもつクラゲです。電気クラゲともよばれます。魚などのえものを毒でしびれさせます。

イヌのおしっこの
大事（だ い じ）な役目（や く め）は？

イヌはあちこちにおしっこをして歩（ある）きます。どんな意味（い み）があるでしょう？

スッキリする
だけじゃないよ。

1. 散歩を長引かせたい
2. なわばりを知らせる
3. おしっこのふりを
   しているだけ

おしっこでなわばりを知らせている

も、もっと高いところへ…！

　生き物の多くは、自分の行動範囲（なわばり）を決めています。イヌのおしっこは、ほかのイヌに、自分の場所だと教えるしるしです。こうした行動を「マーキング」といいます。

おしっこをかける
チーター

　チーターなどのネコのなかまは、あしを上げず後ろ向きにスプレーするように、おしっこをかけます。

顔を木にこすりつけてなわばりを主張

　ニホンカモシカは、眼下腺という、目の下から出る液を木などにこすりつけて、なわばりを知らせます。この液はねばり気があり、すっぱいにおいがします。

イヌの鼻はとてもよくきく！

　イヌの鼻がよくきくのは、においを感じる細胞（嗅細胞）がたくさんあるからです。嗅細胞の数は、ヒトは500万個ですが、イヌは1億〜3億個あるといわれています。また、この細胞は鼻の中の「嗅上皮」というひふの中にありますが、ヒトでは約3平方㎝なのに対し、イヌは約150平方㎝もあります。

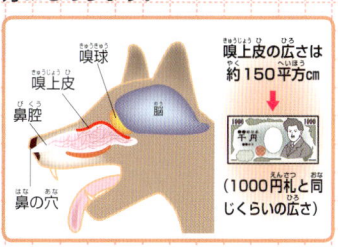

嗅球
嗅上皮
鼻腔
鼻の穴
脳

嗅上皮の広さは
約150平方㎝

（1000円札と同じくらいの広さ）

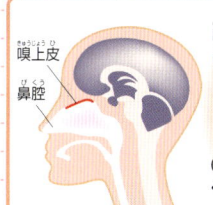

嗅上皮
鼻腔

嗅上皮の広さは約3平方㎝

（10円玉と同じくらいの広さ）

コウモリがえものを見つける方法は？

暗やみの中を、音もなく飛ぶコウモリ。コウモリがえさを見つけたり、ものをよけたりするのに使うものは何でしょう？

❶ におい
❷ 超音波
❸ かん

ぼくのすごい力、
わかるかな？

ウサギコウモリ

- ■体長:4.2〜5.3㎝
- ■尾長:3.7〜5.5㎝
- ■体重:4.6〜11.3g
- ■分布:ヨーロッパ〜アジア
  （日本では、中国地方をの
  ぞく北海道、本州、九州）

超音波でえものを見つける

ウサギコウモリやアブラコウモリは、鼻先から高い音（超音波）を出します。それがえものに当たってはね返ってくる音で、えものとのきょりなどがわかります。

イルカも音で「見る」

　水中で生活するイルカのなかまも、音でものを「見る」ことができます。音は、頭のメロンとよばれる部分から発射されます。えものの魚やイカなどに当たってもどってきた音は、下あごの骨を通って耳に伝わります。

　イルカの音は、なかまどうしのコミュニケーションにも使われています。

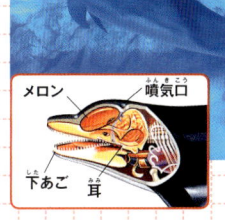

メロン　噴気口
下あご　耳

バンドウ
イルカ

電気でえものをさがすカモノハシ

　オーストラリアにすむカモノハシは、卵を産む哺乳類として有名ですが、電気で小エビなどのえものをさがすという不思議な能力をもっています。くちばしの左側に電気センサーがあり、えものの出す弱い電気をキャッチできるのです。

カモノハシ

電気でえものをとる発電生物

　筋肉がちぢむとき、弱い電気が発生します。その筋肉がちぢまずに、電気だけを強く発生するようになったものが、発電魚とよばれるなかまです。日本の海底にもいるシビレエイ、アフリカのナイル川などにいるデンキナマズ、南アメリカのアマゾン川などにいるデンキウナギなどがこのなかまです。

シビレエイ

デンキナマズ

ゴリラの子どものしるしは何？

ゴリラの子どもには、親にはないしるしがあります。何でしょう？

ゴリラ
- ■体長：120cm
- ■尾長：0cm
- ■体重：150〜180kg
- ■分布：アフリカ中央部

1 おしりの白い毛
2 手の指の毛
3 せなかの銀色の毛

おしりの白い毛が
子どものしるし

子どものゴリラのおしりには、白い毛があります。この毛は5歳くらいになると消え、大人のなかま入りです。

動物の赤ちゃん

いろいろな動物の赤ちゃんを見てみましょう。

ジャイアントパンダ
生まれて約3週間。白黒もようがあらわれます。

ニホンザル
生まれて1か月。赤ちゃんは黒っぽい毛色です。

タテゴトアザラシ
白いふわふわの毛が生えています。

キリン
生まれたら40分ほどで立ち上がります。

トラ
3〜4年ほどで大人になります。

アフリカゾウの
群れのリーダーは？

地上でもっとも大きいアフリカゾウは、
草原で群れでくらしています。リーダー
はだれでしょう？

① お父さん
② お母さん
③ おばあさん

アフリカゾウ
■体長：540〜750cm ■体高：320〜400cm
■体重：5800〜7500kg ■分布：アフリカ

群れのリーダーは、おばあさん

みんなわたしの
子どもや孫たちよ！

アフリカゾウの群れは、おばあさんやお母さん、子どもが中心で、おすは群れにはいません。

ライオンの群れ

ライオンは1頭のおすと、数頭のめす、子どもの群れでくらします。

セイウチの群れ

強いおすとたくさんのめす、子どもで大きな群れ（ハーレム）をつくります。

群れない動物

キツネやクマなどは、群れをつくらずにくらします。

魚が水中で呼吸するために使うのは？

魚には水中で呼吸できるしくみがあります。どこを使って呼吸するのでしょう。

す〜

リュウキン（キンギョ）

①ひれ
②えら
③うろこ

えらを使って呼吸する

魚は、水がえらを通るときに、水中の酸素を体内に取りこむことができます。これをえら呼吸といいます。

魚が水中で呼吸できるしくみ

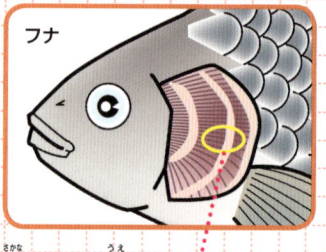

フナ

魚のえら（上）とその拡大図（下）

フナのえら

水の流れ

酸素が取りこまれる

毛細血管

口から入った水は、えらを通りぬけます。そのとき水にとけていた酸素が、えらから体内に取りこまれます。

えら以外で呼吸する魚

すべての魚が、えらだけを使って呼吸しているわけではありません。種類によって、さまざまな呼吸をする魚がいます。

肺呼吸するハイギョ　小さいときはえらがありますが、成長すると肺が発達し、人間と同じように肺呼吸をします。水がなくなる乾季には、土の中で夏眠することができます。

腸呼吸するドジョウ　えら呼吸とともに、口から空気をすって、腸で酸素を吸収する腸呼吸をします。

水中でくらす生き物たち

両生類やザリガニ、昆虫など、多くの生き物が水中で呼吸しながらくらしています。

アホロートル（ウーパールーパー）　顔の横の外えらから酸素を取りこむ。

イトトンボのやご　尾の3本の尾さいから酸素を取りこむ。

アメリカザリガニ　体のわきにあるえらで酸素を取りこむ。

オウムガイ　えらから酸素を取りこむ。

イバラカンザシゴカイ　頭にある2本のかさのようなものがえら。

コウテイペンギンはどうやって卵をあたためる？

コウテイペンギンのくらす南極はとても寒く、卵を産むのも氷の上です。どうやって卵をあたためるのでしょう？

冷たいと卵がかえらないよ。

① 羽の下に入れる

② あしの上にのせる

③ おなかのポケットに
入れる

コウテイペンギン

51

あしの上（うえ）にのせて あたためる

コウテイペンギンは卵（たまご）をあしの上（うえ）にのせ、おなかをかぶせるようにしてあたためます。あたためるのはお父さんの役目（やくめ）です。

コウテイペンギン
■全長（ぜんちょう）：100〜130㎝
■分布（ぶんぷ）：南極大陸（なんきょくたいりく）

飛（と）べないけれど、すべりは得意（とくい）

長（なが）いきょりを移動（いどう）するとき、体重（たいじゅう）の重（おも）いコウテイペンギンは、平（たい）らなところでは腹（はら）ばいになって、氷（こおり）の上（うえ）をすべって進（すす）みます。

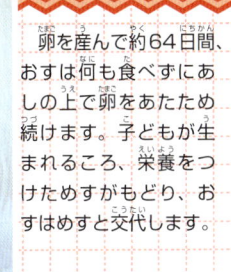

卵を産んで約64日間、おすは何も食べずにあしの上で卵をあたため続けます。子どもが生まれるころ、栄養をつけためすがもどり、おすはめすと交代します。

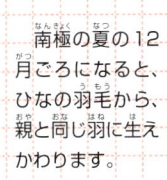

南極の夏の12月ごろになると、ひなの羽毛から、親と同じ羽に生えかわります。

泳ぎも得意

ペンギンのなかまは飛べませんが、海の中を飛ぶように泳ぎます。深さ500m以上、20分あまりももぐれます。南極の夏の海には、えさになる魚などがふえて、若鳥たちは、自分の力でえさをつかまえながら、大人へと成長します。

カッコウのひなを育てるのは？
（そだ）

カッコウのひなは、だれに
育てられるのでしょう？
（そだ）

おなかが
すいたよう！

カッコウ（ひな）

1 本当の親

2 別の動物

3 別の鳥

カッコウのひなを 育てるのは別の鳥

カッコウの世話をするコヨシキリ

カッコウのひなは最初に生まれ、ほかの卵を巣から落としてしまいます。

カッコウの親は、別の鳥の巣に卵を産み、自分では世話をしません。これを「たく卵」といいます。

カッコウ
- 全長：32〜33㎝
- 分布：アジア、アフリカなど（日本では九州以北）

いろいろな鳥の子育て

カルガモ

水辺の草地の巣に卵を産みます。ひなはお母さんのあとをついてまわります。

4月ごろ、水辺の草地などのくぼみの中に巣をつくって、産卵します。

産卵から約1か月後に、ふわふわの毛におおわれた子どもが生まれます。

ツバメ

巣は草とどろでつくります。おすとめすが協力して世話をします。

産卵は4〜7月に行われ、3〜7個の卵を産みます。おもにめすがあたためます。

おすとめすが協力して子どもにえさを運びます。

カイツブリ

水の上にうく巣をつくります。親鳥が交代でえさを運んで世話をします。

3週間くらいでふ化します。親鳥が交代でえさをとってきてあたえます。

卵はおすとめすが交代であたためます。20〜21日間、卵をあたためると、ひながふ化します。

カエルはどうして くっついて いられるの？

カエルのなかまには、草や木、かべなどにくっつくことができるものがいます。なぜでしょう？

❶ あしから のりが出ている

❷ するどいつめを 引っかけている

❸ あしに吸盤がある

ニホンアマガエル

吸盤（きゅうばん）でくっつく

ニホンアマガエルの指先（ゆびさき）には吸盤（きゅうばん）があります。石（いし）や葉（は）、草木（くさき）だけでなく、つるつるしたガラスにもくっつきます。

ニホンアマガエル
- ■体長（たいちょう）：30〜40㎜
- ■分布（ぶんぷ）：日本全国（にほんぜんこく）

地上でくらす カエルは くっつかない

ダルマガエル

くっついて進む生き物

かべや石、木の幹など、垂直な場所にくっつくことができると、敵から逃げることができ、ほかの生き物が行くことのできない場所にも行くことができます。くっつくしくみは、種類によってさまざまです。

かべにくっつくヤモリ

指先には、指下板とよばれる器官があり、指下板には細かい毛が生えています。この毛がかべに近づいたときにはたらく力で、かべにくっつきます。

大きな魚にくっつくコバンザメ
頭の上に、小判型の吸盤があり、大きな魚などにくっついて移動しながら、その魚の食べ残しを食べてくらしています。

木の幹にくっつくミスジマイマイ
からから出ている部分全体が、筋肉でできた、腹足とよばれるあしになっています。ねん液を出しながら、垂直なかべも登ります。

アメリカザリガニの

❶から❸は、どれも卵（たまご）からかえった（ふ化（か））ばかりの赤（あか）ちゃん。

アメリカザリガニはどれかな？

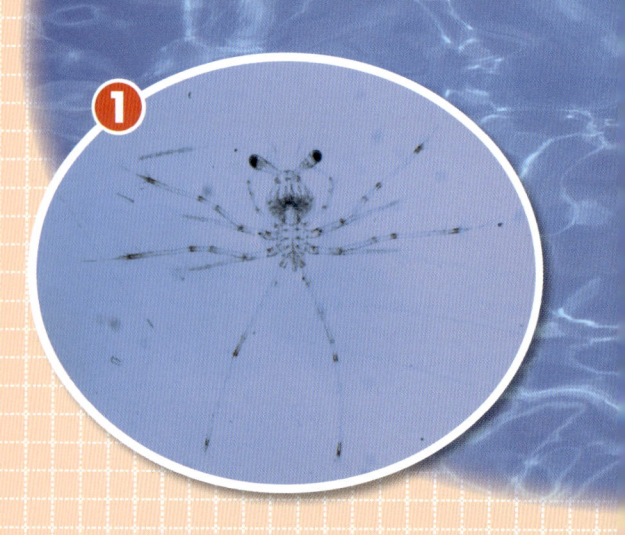

❶

赤ちゃんはどれ？

②

③

ふ化して1週間は
お母さんといっしょ

アメリカザリガニ
など、エビやカニの
なかまは、生まれた
ばかりは大人とちが
ったすがたをしてい
ます。ふ化して約1
週間は親のそばにい
ます。

アメリカザリガニ
■体長：10cm
■分布：北海道をのぞく
日本各地、アメリカ南部

❶ は、イセエビ

イセエビは、20回以上脱皮をくり返し、約2年かけて大人になります。

イセエビ
- ■体長：35㎝
- ■分布：茨城県から九州の沿岸

❸ は、アワビ

アワビの卵は、海の中でふ化します。10日ほどで海の底につき、成長します。

アワビ
- ■殻長：25㎝
- ■分布：北海道南部から九州

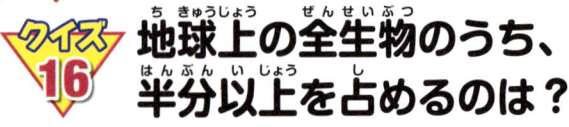

もっと ひみつの クイズ 生き物

クイズ 16
地球上の全生物のうち、半分以上を占めるのは？
❶ 魚類 ❷ 鳥類 ❸ 昆虫

クイズ 17
キツネとライオンに共通する特ちょうは？
❶ 顔が短くて丸い ❷ 顔が細くて長い
❸ 尾がない

クイズ 18
デンキウナギは何ボルトの電気を発生する？

❶ 70000ボルト ❷ 7000ボルト
❸ 700ボルト

クイズ 19
首の骨の数が9つもある動物は？
❶ マナティー ❷ ゾウ ❸ ミユビナマケモノ

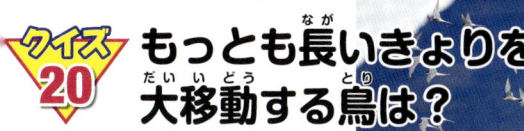

クイズ20

もっとも長いきょりを大移動する鳥は？

❶ キョクアジサシ

❷ ナベヅル ❸ マガン

クイズ21

数十万頭もの群れになり、川を渡るアフリカの動物は？

❶ トムソンガゼル ❷ オグロヌー ❸ インパラ

クイズ22

細長いくちばしで、干潟のえものをつかまえる鳥は？

❶ ワシミミズク ❷ オオソリハシシギ ❸ ハシビロガモ

クイズ23

鳴き声が2〜3km先まで聞こえるといわれるのは？

❶ シマウマ ❷ フクロテナガザル

❸ ニホンカモシカ

クイズ 16 の答え ③ 昆虫

地球上の生き物は、わかっているだけで約173万種いますが、昆虫は全体の60%、約100万種います。

クイズ 17 の答え ① 顔が短くて丸い

キツネとライオンは、おもに肉を食べる肉食動物です。肉を引きさく歯以外は小さく、数も少ないため、顔が短く丸くなっています。

クイズ 18 の答え ③ 700ボルト

南アメリカのアマゾン川にいるデンキウナギは、700ボルトもの強い電気を発生することができます。

クイズ 19 の答え ③ ミユビナマケモノ

ほとんどの哺乳類の首の骨の数は7つですが、ミユビナマケモノには9つの首の骨があります。マナティーは6つです。

クイズ20の答え ❶ キョクアジサシ

　キョクアジサシは、秋に北極圏を出発すると、南極を目指して8万㎞ものきょりを飛んで旅をします。

クイズ21の答え ❷ オグロヌー

　オグロヌーは、食べ物の草をもとめて、アフリカの雨季と乾季に大移動します。

クイズ22の答え ❷ オオソリハシシギ

　オオソリハシシギのくちばしは長く、上にそっていて、砂の中のゴカイや貝などをつかまえて食べます。

クイズ23の答え ❷ フクロテナガザル

　フクロテナガザルの鳴き声は、2〜3㎞先まで聞こえるといわれます。

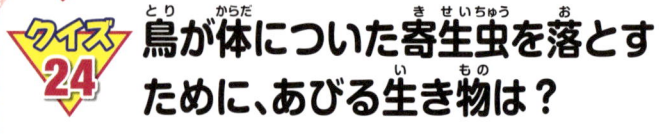

クイズ 24
鳥(とり)が体(からだ)についた寄生虫(きせいちゅう)を落(お)とすために、あびる生(い)き物(もの)は？

❶アリ　❷カメムシ　❸ダンゴムシ

クイズ 25
歯(は)がなく、長(なが)い舌(した)で食(た)べ物(もの)をなめとる動物(どうぶつ)は？

❶カンガルー　❷キツネ　❸オオアリクイ

クイズ 26
遠(とお)くから舌(した)をのばして、えものをとらえる生(い)き物(もの)は？

❶カメレオン
❷ワニガメ　❸スッポン

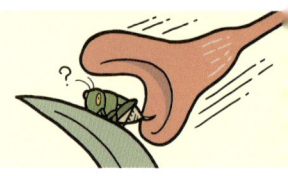

クイズ 27
子(こ)どもの体(からだ)に、たてじまがある動物(どうぶつ)は？

❶パンダ　❷イノシシ　❸コアラ

クイズ 28
口から水をふき出して、虫などをとらえる魚は？

❶ テッポウウオ
❷ テッポウイシモチ　❸ ヘコアユ

クイズ 29
シロサイとクロサイ、どこで見分ける？

❶ 口の形　❷ 角の形　❸ ひづめの形

クイズ 30
ヒラメの体色は、何に似ている？

❶ 海そうの色　❷ サンゴの色　❸ 砂の色

クイズ 31
体の一部を動かして、えものをおびきよせる魚は？

❶ スナガレイ　❷ カエルアンコウ　❸ カワハギ

もっと ひみつの クイズ の答え

クイズ 24 の答え ① アリ

メジロやムクドリなどは、くちばしでアリを羽の間に押しこみ、アリが出す「ぎ酸」でダニなどの寄生虫をたいじします。

クイズ 25 の答え ③ オオアリクイ

オオアリクイはアリ塚をこわして、長い舌でシロアリやアリを食べます。細長い口をしているため、アリ塚に口をさしこみやすいのです。

クイズ 26 の答え ① カメレオン

カメレオンは、舌の根元にある骨をのばすことで、舌をいきおいよく発射します。舌の先は、ねばねばしていて、えものをつつみこむようにつかまえます。

クイズ 27 の答え ② イノシシ

イノシシの子どもには、白いたてじまがあり、ウリンボとよばれます。しまは3か月くらいで消えます。

クイズ
28 の答え ❶テッポウウオ

テッポウウオは、口から水でっぽうのように水をふき出して、草や木の枝にとまっている虫に命中させ、水面に落ちたところを食べます。

クイズ
29 の答え ❶口の形

マメ科の植物を食べるクロサイの口先はカメのようなかぎ型をしていて、地面の草を食べるシロサイの口先はシャベルのように平らです。

クイズ
30 の答え ❸砂の色

ヒラメの体は砂の色にそっくりです。海底でじっとまち、近くを通った魚などを食べます。

クイズ
31 の答え

❷カエルアンコウ

カエルアンコウは、背びれのとげが変形したアンテナとその先のルアーを動かしてえものをさそい、大きな口でとらえます。

ミツバチが花の場所を知らせる方法は？

ミツバチは、花の場所などをなかまに知らせるとき、ある方法を使います。その方法とは？

セイヨウミツバチ

■体長：働きバチ 10〜13mm
／女王バチ 13〜17mm
／おす 12〜13mm

❶ ダンスをする
❷ 体の色を変える
❸ 死んだふりをする

ダンスをして、なかまに知らせる

巣にもどる

みつのある花を発見！

におい、音、光で連絡

におい

ヤママユ
めすの出すにおいを、大きな触角で感じ取ります。

多くの昆虫はにおいで、鳥やサルなどは鳴き声で、ホタルは光で相手を知ったり、連絡したりします。

ミツバチは、花のみつを見つけると、巣にもどって、その場所をダンスで知らせます。ダンスの仕方で、みつの方向やきょりを伝えるのです。

ミツバチのダンスの例
　体をふるわせながら進む向きで花のある方向、ふるわせる速さで花までのきょりを知らせています。

ゲンジボタル
　おしりの光を点めつさせて、おすとめすが会話します。

光

声

フクロテナガザル
　のどにあるふくろで、声を大きくひびかせて、遠くのなかまと会話します。

何（なに）かにそっくりな形（かたち）になることを何（なん）という？

花（はな）や葉（は）、土（つち）などとそっくりな形（かたち）をして、
身（み）をかくす生（い）き物（もの）がいます。
何（なに）かにそっくりになることを、何（なん）というでしょう。

ハナカマキリ

■体長:60〜90㎜
■分布:インド〜東南アジア

1. 幼体
2. 変態
3. 擬態

「擬態」して、見つからないように

生き物が、何かにそっくりの形になり、身をかくすことを「擬態」といいます。身を守ったり、えものをとらえたりするのに便利です。

ヒラメ
砂の色にそっくりで、じっとしていると、どこにいるかわかりません。近くを通った魚などを食べます。

敵に見つからないための擬態

鳥や魚など、敵から身を守るために擬態する生き物もいます。日本の沖縄県にすむコノハチョウや、オーストラリアなどにすむリーフィーシードラゴンは、落ち葉や海そうにそっくりなすがたに擬態しています。

コノハチョウ

かれ葉にそっくりなすがたや色をしています。葉脈までまねしています。

オーストラリアガマグチヨタカ

木の皮にそっくりな羽の色をしています。じっと動かずに敵から身を守ります。

リーフィーシードラゴン

←海そうにそっくりなひだが体中にあり、海そうの中に入って身をかくします。

ほかの生き物のすがたに似せる

まったくちがう生き物のすがたに似せることも擬態のひとつです。強いものや毒をもっているものに擬態して身を守ります。

まね　　ほんもの

ヨツスジトラカミキリ

セグロアシナガバチ

ヨツスジトラカミキリは、どうもうなアシナガバチのすがたそっくりに擬態して、鳥などの敵から身を守ります。

まね　　ほんもの

ジャコウアゲハ

アゲハモドキ

アゲハモドキは、体内に毒をもつジャコウアゲハのおすそっくりに擬態して、敵から身を守ります。

アゲハの幼虫（ようちゅう）が最初（さいしょ）に食（た）べるのは？

アゲハの幼虫（ようちゅう）が、ふ化（か）して最初（さいしょ）に食（た）べるものは、何（なん）でしょう？
（写真（しゃしん）は、ナミアゲハ）

卵（たまご）

↑直径（ちょっけい）は約（やく）1㎜です。ミカンのなかまの葉（は）に、産（う）みつけられます。

↓3mmほどの幼虫が、卵のからを
やぶって出てきます。

幼虫

↑1週間ほどして、ふ化
が近づくと、色が黒くな
ってきます。

❶葉
❷卵のから
❸アブラムシ

最初に食べるのは、卵のから！

卵のからが、幼虫の最初の食べ物です。
モンシロチョウも同じです。
その後、葉を食べるようになります。

卵のからを
10分ぐらいで
全部食べちゃうよ。

むしゃ
むしゃ

幼虫は、脱皮して大きくなります。
脱皮した後の皮も、食べます。

←幼虫は、ミカンやカラタチなどの葉を食べます。

↓成虫は、花のみつをすいます。地面の水をすったりもします。

ナミアゲハ
■開帳：65〜90mm ■分布：北海道、本州、四国、九州、沖縄

オオクワガタは、どのくらいで成虫(せいちゅう)になる？

卵(たまご)

くち木(き)の中(なか)などに産(う)みつけられます。直径(ちょっけい)は2〜3mmくらいです。

幼虫(ようちゅう)

まわりのくち木(き)を食(た)べて大(おお)きくなります。

① 1〜2日(か)

カブトムシは、約1年でその一生を終えますが、オオクワガタは長生きです。
成虫になるまで、どのくらいかかるでしょう。

さなぎ

最初は白っぽい色です。羽化が近づくと、茶色になります。

成虫

おもに夕方から夜に、クヌギやコナラなどの樹液をなめます。

❷ 1〜2年　❸ 10〜20年

成虫になるまで1〜2年

オオクワガタは、成虫になるまで、2年かかるものがいます。成虫になってから、3年生きるものもいます。

オオクワガタ
- 全長：27〜76mm（おす）
- 成虫発生時期：6〜9月
- 分布：北海道、本州、四国、九州、対馬

木の中の部屋で大変身

おすのさなぎには、大あごが見られます。

オオクワガタの一生…3〜5年

オオクワガタは長生きのクワガタムシです。昼間は、木の穴や割れ目の中などにかくれています。夕方、外に出て樹液をなめに活動します。

卵…約2週間
幼虫…1〜2年
さなぎ…約1か月
成虫…1〜3年

　3齢幼虫（終齢幼虫）は、さなぎになるのが近づくと、何も食べなくなります。まわりを自分のふんでかためて部屋（蛹室）をつくり、その中で羽化します。羽化してから体がかたまり、外に出るのにさらに1か月ほどかかります。

背中が割れて、羽化が始まります。

1週間ほどで、前ばねがかたくなります。

ゲンジボタルが光るのは？

ひか

ゲンジボタルの成虫は、腹の一部を光らせておすとめすが会話をすると考えられています。では、光るのは？

せい　ちゅう　はら　いちぶ　ひか　かいわ　かんが　ひか

① 成虫だけ
せいちゅう

② 幼虫と成虫
ようちゅう　せいちゅう

③ 卵、幼虫、さなぎ、成虫
たまご　ようちゅう　せいちゅう

ゲンジボタル

■体長：12〜18㎜
■成虫発生時期：5〜7月
■分布：本州、四国、九州

一生光り続ける

卵、幼虫、さなぎは、強いゆれを感じるなど、しげきを受けたときに光ります。

光って敵の目をごまかすと考える人もいます。

光る卵
ふ化が近づくと強く光ります。

光る幼虫
おしりが2か所光ります。

92

一生光（いっしょうひか）ります！

光（ひか）るさなぎ
光（ひか）る場所（ばしょ）が大（おお）きくなります。

光（ひか）る成虫（せいちゅう）

ダンゴムシは、どのくらい生（い）きる？

さわったりすると丸（まる）くなるダンゴムシ（オカダンゴムシ）。
寿命（じゅみょう）はどれくらいでしょう？

赤ちゃんでも、
丸くなれるよ。

生まれたときから
大人のような
すがたをしているよ。

❶ 3〜5か月
❷ 3〜5年
❸ 30〜50年

ダンゴムシは、3～5年生きる

ダンゴムシは、脱皮をくり返して大きくなります。5年生きるものもいます。

めすの腹で卵からふ化して出てきます。

オカダンゴムシ
■体長：10mm
■成体発生時期：春～夏
■分布：日本全国

脱皮をくり返して
大きくなります。

落ち葉やコケなどを
食べ、土をつくる働き
をしているよ。

成体になってからは、
2〜4年生きます。落
ち葉や石の下などで冬
をこします。

97

クモの糸、くっつくのはどの糸？

← 横糸

↑ たて糸

えものをとらえるクモの巣の糸。くっつくのはどの糸でしょう？

❶ たて糸

❷ 横糸

❸ すべての糸

アオスジアゲハをとらえた
コガネグモ

横糸がくっつく

　ぐるぐる細かく巻かれた横糸に、小さな球（粘球）がついていて、えものにくっつきます。

　クモは、たて糸と、足場にする横糸（粘球がない足場糸）を歩くので、くっつくことはありません。

横糸

たて糸を歩くので、くっつかない

　コガネグモは、粘球がないたて糸や、足場糸の上を歩きます。糸にくっつくことはありません。

たて糸を使って移動します。

えものは横糸にくっつきます。

たて糸（いと）

粘球（ねんきゅう）

この粘球（ねんきゅう）は、横糸（よこいと）だけにくっつけてあるのよ。

コガネグモ
■体長（たいちょう）：おす5〜6㎜
／めす20〜25㎜
■成体発生時期（せいたいはっせいじき）：6〜9月（がつ）
■分布（ぶんぷ）：本州（ほんしゅう）、四国（しこく）、九州（きゅうしゅう）、沖縄（おきなわ）

サギソウは何（なん）の生（い）き物（もの）から名（な）づけられた？

植物（しょくぶつ）のなかには、生（い）き物（もの）のすがたに似（に）ていることから名前（なまえ）をつけられたものがあります。では、サギソウは何（なん）の生（い）き物（もの）から、名前（なまえ）がつけられたのでしょう。

❶ シラサギ
❷ ウサギ
❸ カササギ

サギソウは、日本の代表的な野生ランで、7〜9月ころに花がさくよ。

シラサギの飛ぶすがたに似ているから

サギソウは、ランのなかまです。左右に開いた「しんべん」とよばれる部分が、シラサギがつばさを広げて飛ぶすがたにそっくりなところから、この名前がつきました。

シラサギ（ダイサギ）
　シラサギという種名の鳥はいません。ダイサギ、コサギなどの白いサギの総称です。カササギは、カラスのなかまです。

いろいろな花の名前

トケイソウ

　めしべの先が3つに分かれ、それぞれが時計の短針、長針、秒針のように見えます。

ダイモンジソウ

　5枚ある花びらのうちの2枚が長いので、漢字の「大」という文字に見えます。

ワルナスビ

　ナスのなかまですが、くきや葉にとげがあり、また毒もあるのでこのような名前がつきました。

ヤブレガサ

　芽が出てからしばらくの間、葉がやぶれたかさのように見えるので、この名前がつきました。

トマトには毛がたくさん生えています。何のため？

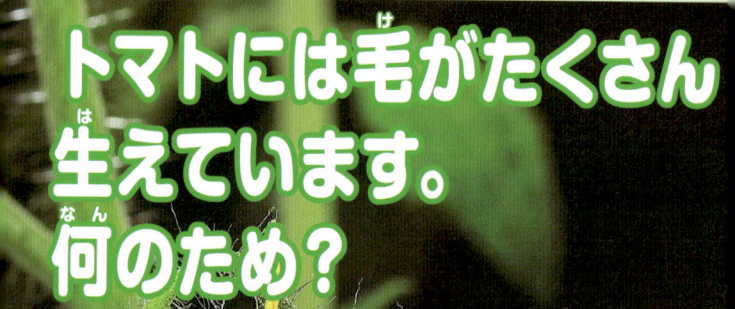

トマトのつぼみやくきには、毛がいっぱい生えています。その理由は、次のどれでしょう。

緑色のころの実にも、毛がいっぱい生えているよ。

❶ 虫よけ

❷ 食べられるのをふせぐため

❸ 水分を取り入れるため

毛で水分を のがさず 取り入れる

トマトは、毛についた水分を取り入れているのです。

トマトの毛には、夜つゆがいっぱいつきます。

トマトの毛は野生のなごり？

トマトは、もともとは南アメリカのアンデス地方の高地に生えていた植物です。乾燥した場所なので、毛からも水分を取り入れて、水分の不足をおぎなっていました。また、たくさんの毛で寒さから身を守っていました。そのなごりで、栽培されているトマトにも毛が生えているのです。

野生のトマトが生えるアンデス地方。すずしく、乾燥した土地です。

植物の毛やとげの役割

すべりどめ

アサガオ アサガオなどのつる（くき）には、すべらないように下向きの毛が生えています。

虫よけ

キュウリ（め花） キュウリなどの実やくきには、とげのような毛があり、虫がつくのをふせいでいます。

においを出す

シソ シソやバジル、ミントなどのハーブ類は、毛からにおいを出して虫をふせいでいます。

寒さよけ

ハクモクレン モクレンやネコヤナギなどの冬芽は、毛におおわれて寒さをふせいでいます。

食虫植物のハエトリソウは、えものが入ったことがどうやってわかる?

しょくちゅうしょくぶつ

はい

ハエトリソウに
つかまった
クロオオアリ

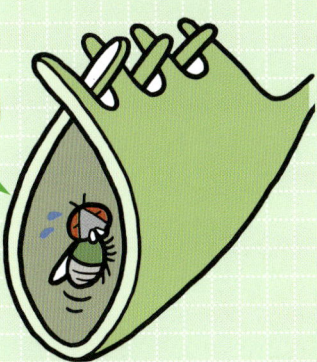

わー、出られないー！

食虫植物のなかまは、葉やくきが虫などをとらえるわなに変化しています。では、ハエトリソウは、葉の内側にえものが入ったことがどうやってわかるのでしょう。

❶ においでわかる

❷ 重さでわかる

❸ ふれてわかる

えものが葉のとげにふれるから

　ハエトリソウは、ハエトリグサ、ハエジゴクともいいます。虫などが葉の内側にふれると葉がとじます。葉は1日ほどで完全にとじてえものを押しつぶし、消化液を出してとかしてしまいます。

1

やってきたアリが…

いろいろな食虫植物

たこつぼ式

タヌキモ　昆虫の幼虫やミジンコなどの小動物がふくろに近づくと、入り口が開き、その時の水流で中へ取りこまれます。その後、入り口はとじ、中で消化されてしまいます。

落としあな式

ハエトリソウの葉の内側には、ふつう3本のとげ（感覚毛）が生えています。虫などが感覚毛に2度ふれるか、2本以上の感覚毛にふれると葉がとじます。

2

葉の内側の感覚毛にふれると…

3

ものすごい速さ（0.5秒以下）で葉がとじます。

ウツボカズラ

葉が変形してふくろになっています。ふくろのふち内側はつるつるで、落ちた虫など上がってこられ、中で消化されます。

とりもち式

モウセンゴケ

葉にある毛の先から出るにおいにつられてきた虫などは、ねん液にくっつき動けなくなります。すると葉が曲がって虫などをつつみこみ、消化してしまいます。

外国から日本に持ちこまれた帰化植物でないのは？

外国から日本に持ちこまれ、定着した植物を「帰化植物」といいます。次の植物のうち、外国から持ちこまれた植物ではないのは、どれでしょう。

❶ セイヨウタンポポ

❷ ススキ

❸ ヒメジョオン

ススキ

ヒメジョオン

セイヨウタンポポ

日本に持ちこまれる経路は？

船や飛行機などに種子がくっついてきた、輸入した穀物などに種子が混じっていた、観賞用などで輸入した植物が野生化して広まったなど、いろいろな経路があります。

ススキは日本から
外国に進出した植物

明治以降に限っても、1500種以上が外国から日本に持ちこまれて定着したといわれています。ススキは、帰化植物とは逆に、日本から外国に進出した植物です。

セイヨウタンポポ

ヘラオオバコ

キツネアザミ

アキノノゲシ

ヨーロッパから

アジアから

ヒメヒオウギズイセン

オオキバナカタバミ

アフリカから

日本から外国へ進出した植物

イタドリ（ヨーロッパ、北アメリカへ）

スイカズラ（北アメリカへ）

ヒメジョオン

キクイモ

ワルナスビ

北アメリカから

ホテイアオイ

オシロイバナ

南アメリカから

サボテンのとげは、何（なに）が変化（へんか）したもの？

サボテンのとげには、草食動物（そうしょくどうぶつ）に食（た）べられるのをふせぐ役目（やくめ）があります。では、とげは何（なに）が変化（へんか）したものでしょうか。

サボテンのとげは、葉が変化したもの

サボテンのとげは、葉が変化したものです（えだが変化したものだという説もあります）。とげは、水分が失われるのをなるべく少なくしたり、逆にとげについた水分を吸収したりしています。

↑サボテンのとげについた夜つゆ

サボテンは、表面に「うね」という、凹凸のあるものが多いです。これがあることで日かげの部分ができ、強い日光をふせぐ役割があると考えられています。

さがしてみよう！とげのある植物

公園（こうえん）や学校（がっこう）でバラやミカン、クリの実（み）など、サボテン以外（いがい）でとげのある植物（しょくぶつ）をさがしてみましょう。

バラ

ハナキリン

タラノキ

ミカン

ワルナスビ

チョウセンアサガオの実

クイズ 44

金色のさなぎをつくる日本最大級のチョウは？

❶ オオゴマダラ ❷ キアゲハ
❸ モンシロチョウ

クイズ 45

夏に北アメリカからメキシコへ大移動するチョウは？

❶ ナミアゲハ ❷ オオカバマダラ ❸ アオスジアゲハ

クイズ 46

オオムラサキの一生はどのくらい？

❶ 1週間 ❷ 1か月 ❸ 1年

クイズ 47

クロシジミの幼虫は、何の巣の中でさなぎになる？

❶ ノウサギ ❷ ヤマカガシ ❸ クロオオアリ

クイズ 48
エンマコオロギの鳴き声に
近いのは、次のどれ？

❶リリリリ、リリリリ
❷コロコロコロリー
❸ジジジジ

クイズ 49
鳴くセミは、次のうち
どれでしょう？

❶おすだけ ❷めすだけ ❸おすとめす

クイズ 50
トンボの幼虫は何という？

❶やご ❷ゆご ❸よご

クイズ 51
オオカマキリの卵のうには、
何匹ぐらいの卵が入っている？

❶1〜5匹 ❷200〜300匹
❸1000〜1200匹

もっと ひみつの クイズの答え

クイズ 44 の答え　❶ オオゴマダラ

オオゴマダラのさなぎは、光の干渉が起きて金色に見えます。「構造色」とよばれるもので、金色の色素があるわけではありません。沖縄にすむチョウです。

クイズ 45 の答え　❷ オオカバマダラ

夏に北アメリカからメキシコまで南下して冬を越し、春になると北上します。

クイズ 46 の答え　❸ 1年

オオムラサキの卵は 1〜2 週間ほどでふ化すると、約 10 か月は幼虫で育ちます。成虫は約 1 か月ほど生きるので、その一生は 1 年ほどです。

クイズ 47 の答え　❸ クロオオアリ

クロシジミの幼虫は、クロオオアリの巣に運ばれて、さなぎになります。

クイズ48の答え ②コロコロコロリー

　エンマコオロギは秋に鳴く昆虫で、日本最大のコオロギです。鳴くのはおすだけで、コロコロコロリーと鳴きます。

クイズ49の答え ①おすだけ

　セミが鳴くのは、めすをひきつけるためなので、鳴くのはおすだけです。

クイズ50の答え ①やご

　トンボの幼虫は、やごとよばれます。「ヤンマの子」から名づけられました。

クイズ51の答え ②200〜300匹

　オオカマキリの卵のうには、卵が約200〜300入っています。そのうち、ふ化して生き残るのは2〜3匹といわれています。

クイズ52
タンポポの花茎は、夜になるとどうなる？
❶のびる ❷たおれる ❸回る

クイズ53
アサガオのつるは、上から見ると、どうやってのびていく？
❶右巻き ❷まっすぐ ❸左巻き

クイズ54
タンポポの実は、何にのって移動する？
❶水 ❷風 ❸昆虫

クイズ55
ハスの花の中心は、何に似ている？
❶ハチの巣 ❷ハトの巣
❸ハナムグリの巣

クイズ 52〜59の答えは、128〜129ページにあるよ。

クイズ 56

米がとれるイネの花の特ちょうは？

❶めしべがない ❷おしべがない
❸花びらがない

クイズ 57

クロマツの一生は、どれくらいでしょう？

❶約5年 ❷約500年 ❸約5000年

クイズ 58

「どんぐり」の実ができる木は、どれでしょう？

❶コナラ ❷ケヤキ ❸イチョウ

クイズ 59

種子をとばす植物は？

❶オナモミ ❷ホウセンカ
❸センダングサ

クイズ 52 の答え ❷ たおれる

　タンポポの花を咲かせた茎は、夜になると花をとじてたおれます。このような植物の動きは「就眠運動」とよばれます。

クイズ 53 の答え ❸ 左巻き

　アサガオのつるは、上から見ると時計と反対回りの左まきでのびていきます。

クイズ 54 の答え ❷ 風

　タンポポの実には綿毛がついていて、風に乗りやすくなっています。

クイズ 55 の答え ❶ ハチの巣

　ハスの花の中心は花床といいますが、花床がハチの巣に似ていることから「ハス」とよばれるようになりました。

56の答え **3** 花びらがない

イネの花には花びらがなく、後にもみがらになる「えい」とよばれる部分が開いて、おしべが出てきます。

クイズ57の答え **2** 500年

クロマツは防風林や防砂林として植樹されている常緑樹で、樹齢は500年くらいのものがあります。

クイズ58の答え **1** コナラ

コナラは、長さ2〜3cmのどんぐりの実をつける代表的な木です。

クイズ59の答え **2** ホウセンカ

ホウセンカは種子が入っている「さや」がはじけて、まわりに種子をとばします。オナモミとセンダングサは、とげで動物や人間にくっついて運ばれます。

潮（しお）の満（み）ち引（ひ）きは なぜ起（お）こる？

海水（かいすい）は、日（ひ）や時間（じかん）によって、満（み）ちたり引（ひ）いたりします。この現象（げんしょう）はなぜ起（お）こるのでしょう。

干潮（かんちょう）のようす

満潮のようす

① 魚が海水を飲んだり出したりする

② 海底が上がったり下がったりする

③ 月の引力が海水を引っぱる

月の引力が干潮や満潮

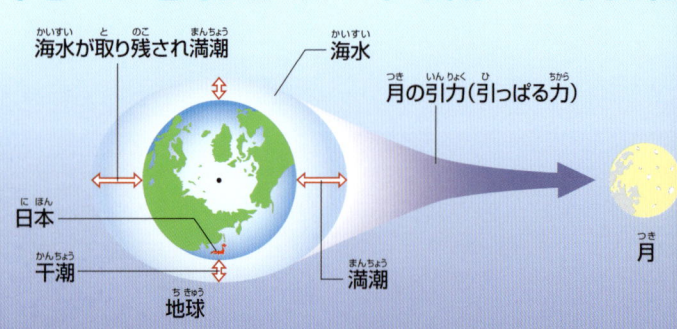

海水が取り残され満潮

海水

月の引力（引っぱる力）

日本

干潮

満潮

地球

月

日本が上の図の位置にあるときは、日本では干潮になります。

引力は物どうしが引き合う力で、すべての物（物体）の間ではたらく力です。地球をおおっている海水の、月を向いた面は、月の引力に引っぱられて盛り上がるので満潮になります。このとき地球の反対側でも、月の引力が弱いため海水が取り残され、満潮になります。満潮と90°ずれた地域では海水がへり、干潮になります。

大潮と小潮

潮の満ち引きには、月ほど強くはありませんが、太陽の引力も関係しています。太陽、月、地球が1列にならぶ位置（図の左）のときには、月と太陽の両方の引力に引っぱられるので、満ち引きの差が最大になる大潮になります。いっぽう、太陽、地球、月が90°をつくる位置（図の右）のときには、月と太陽の引力は打ち消しあい、満ち引きが最小の小潮になります。

を引き起こす

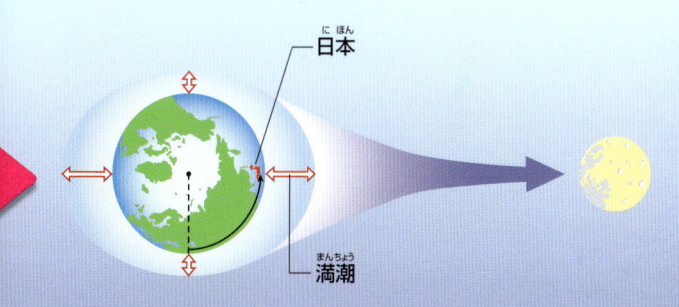

日本（にほん）

満潮（まんちょう）

およそ6時間後（じかんご）、地球（ちきゅう）が自転（じてん）して日本（にほん）が月（つき）の方向（ほうこう）にくると満潮（まんちょう）になります。

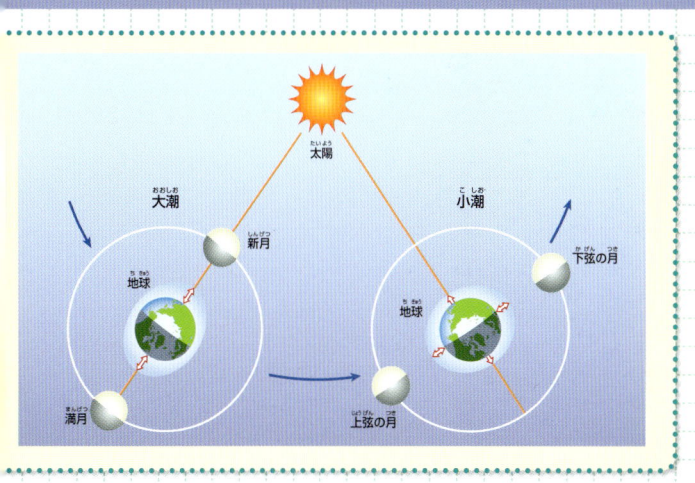

太陽（たいよう）

大潮（おおしお）　　　　小潮（こしお）

新月（しんげつ）　　　　下弦の月（かげんのつき）

地球（ちきゅう）　　　　地球（ちきゅう）

満月（まんげつ）　　　　上弦の月（じょうげんのつき）

雷（かみなり）の電気（でんき）はどこでできる？

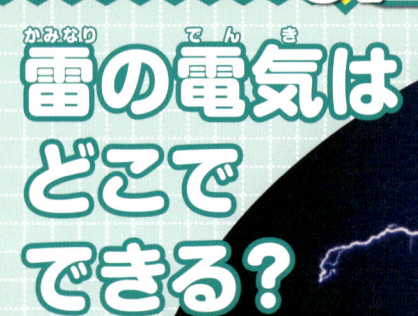

雷（かみなり）は、雲（くも）と地面（じめん）の間（あいだ）をすばやく電気（でんき）が流（なが）れる現象（げんしょう）です。電気（でんき）はどこでできるのでしょう。

1 雲（くも）
2 太陽（たいよう）
3 地面（じめん）

雲のつぶが上下して電気が生まれる

　雷は雷雲（積乱雲）からつくられます。雷雲の中では雲のつぶがはげしいいきおいで上下していて、そこにプラスとマイナスの電気が生まれます。電気が雲の中に一定以上たくわえられると、雷として落ちるのです。

稲妻は電気と空気のまさつで光る

　雷の電気が空気中を流れるときには、まさつによって、たいへんな高温になります。その結果、空気は熱せられ、稲妻の光としてかがやきます。

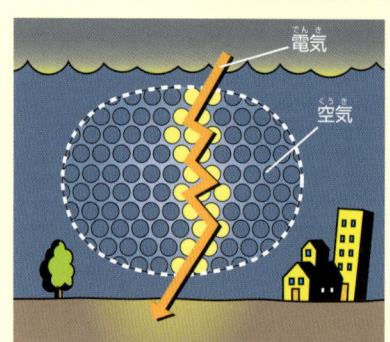

電気

空気

雷の稲妻と上空に大きく広がる雷雲（積乱雲）

雷雲の中では、プラスの電気が雲の上部に、
マイナスが下部にたくわえられます。

日本（にほん）にくる台風（たいふう）の回転（かいてん）の方向（ほうこう）は？

台風（たいふう）を上（うえ）から見（み）ると、うずを巻（ま）いています。日本（にほん）にやってくる台風（たいふう）のうずはどちら向（む）きかな？

左巻（ひだりま）き

① 左巻き（ひだりまき）

② 右巻き（みぎまき）

③ 台風（たいふう）によって変（か）わる

右巻（みぎま）き

日本にくる台風は左巻き

日本列島

赤道

北半球の台風

気象衛星ひまわり　2010年8月29日の写真
この時期は赤道より北でたくさんの雲（台風の赤ちゃん）が発生します。

日本にくる台風はみな左巻きです。南半球でできる台風（サイクロン）は、反対の右巻きです。これは、地球の自転の影響により、北半球と南半球では正反対の力が働くためです。

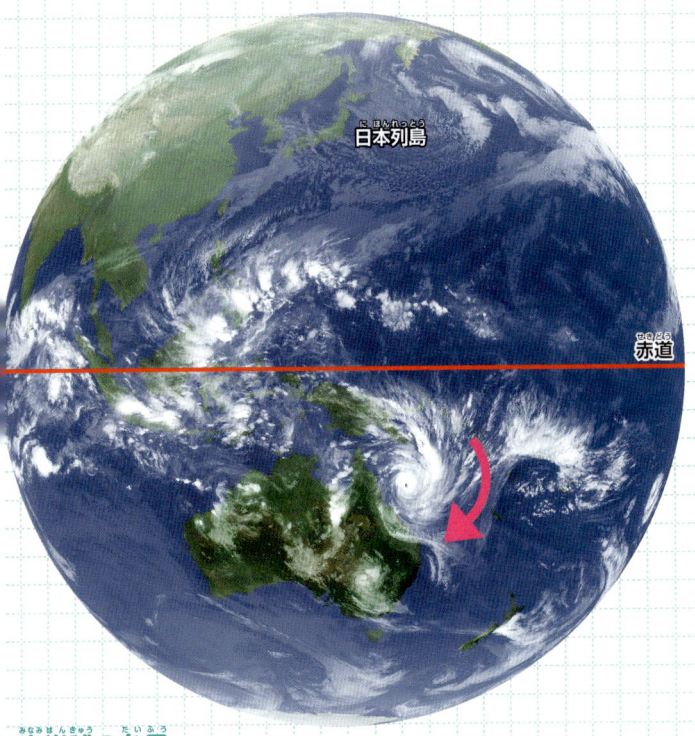

日本列島

赤道

南半球の台風

気象衛星ひまわり　2011年2月2日の写真

日本の冬の時期は、南半球では夏にあたり、台風（サイクロン）の季節になります。

月（つき）の反対側（はんたいがわ）は地球（ちきゅう）から見（み）える？

月（つき）の表側（おもてがわ）

月（つき）を望遠鏡（ぼうえんきょう）で見（み）ると、たくさんのクレーターと、「海（うみ）」とよばれるうす暗（くら）く広（ひろ）がる平地（へいち）が見（み）えます。地球（ちきゅう）から、月（つき）の反対側（はんたいがわ）は見（み）えるでしょうか。

① 見（み）える
② 見（み）えない
③ 1年（ねん）に1度（ど）だけ見（み）える

海とよばれる部分

クレーターの多い部分

143

地球から反対側は見えない

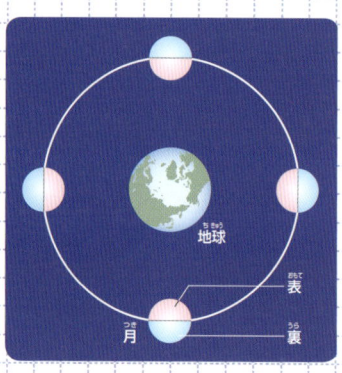

地球

月　　表
　　　　裏

　月は上の図のように、つねに同じ面（表側）を地球に向けて回っているので、反対側を見ることはできません。地球を1周（1公転）するたびに、月自身は1回自転していることになります。

月の反対側

月の反対側を、探査機が撮影した写真です。反対側は、表側とちがって、全体に無数のクレーターが広がり、「海」はほとんどありません。なぜこのようなちがいがあるのか、よくわかっていません。

流れ星（ながれぼし）って何（なに）？

　夜空（よぞら）を見上（みあ）げていると、流れ星を見（み）ることがあります。その流れ星（流星（りゅうせい））の正体（しょうたい）は何（なん）でしょう？

❶ 太陽（たいよう）のガス

❷ 人工衛星（じんこうえいせい）の光（ひかり）

❸ 彗星（すいせい）のちり

ちりのような物質から

　流れ星のもとになるのは、おもに彗星（ほうき星）が宇宙空間に残していった、ちりのような物質です。ほかに小惑星から出た物質や宇宙のごみなどがあります。

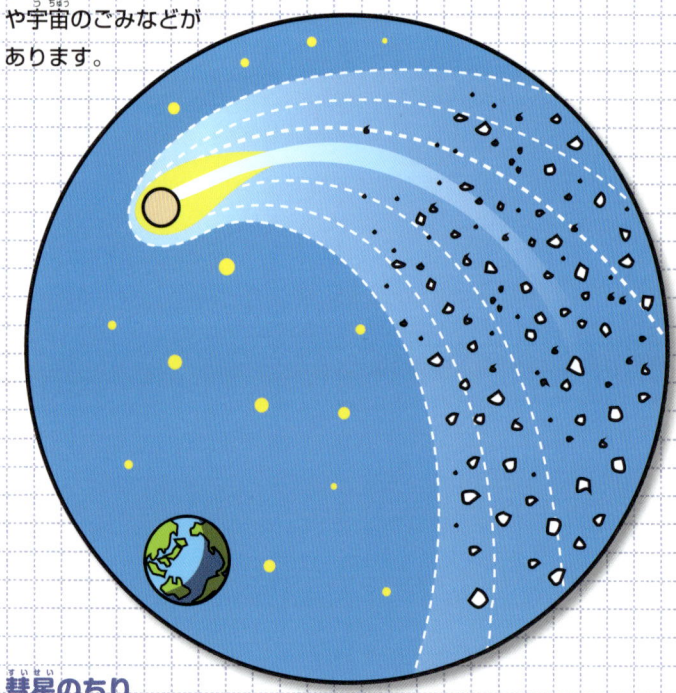

彗星のちり
　彗星が吹き出すちりで、大きさは1mm以下のものから数cmです。彗星と同じように太陽のまわりを回っています。

流れ星ができる

小惑星やそのかけら

小惑星から出たかけらで、燃えつきずに地球上に落ちてきたものは、いん石とよばれます。

宇宙のごみ

地球のまわりを回っている人工衛星のかけらのような宇宙のごみも、流れ星のもとになります。

たくさん流れる流星群

彗星の通り道には、特にたくさんのちりが残っています。地球が太陽のまわりを回る道すじ（軌道）には、いくつもの彗星の通り道が交差していて、そこを地球が通るとき、たくさんの流れ星が現れます。これを流星群といい、毎年同じ時期に見られます。

しし座流星群

土星の環は何でできている？

惑星探査機が撮影した土星

①プラスチック　②鉄

太陽系の惑星のなかで、2番目に大きな土星は、美しい環をもっています。この環は、何でできているでしょう。

③ 氷や岩のかたまり

小さな氷や岩の
かたまりでできている

土星の環は平らな板のように見えますが、実は数十cmから数mの氷のかたまりや岩石が集まってできています。環の直径は、はっきりと見える部分だけでも25万km以上あります。しかし、その厚みは、わずか数百mしかありません。

土星の環の想像図
左の明るい部分は、土星の本体です。

探査機が撮影した環

　惑星探査機が撮影した写真を見ると、氷や岩のかたまりは、同じように散らばっているのではなく、すじ状の複雑な構造をつくっていることもわかりました。

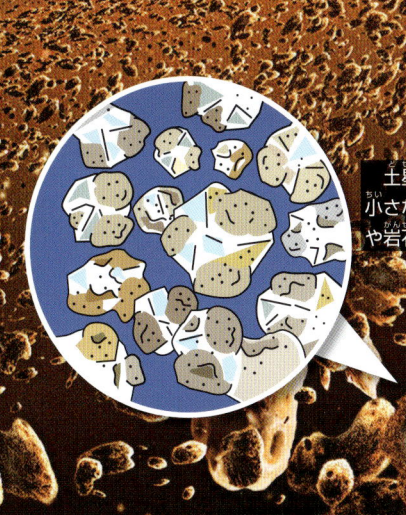

土星の環の正体は、小さな氷のかたまりや岩石です。

もっと ひみつの クイズ 地球・宇宙

クイズ 66
稲妻の光と稲妻の音は、どちらが速い？

① 同じ　② 光が速い
③ 音が速い

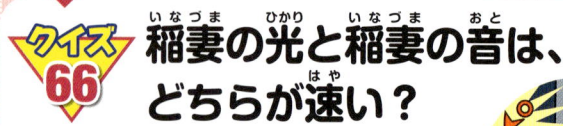

クイズ 67
日本で四季の変化がある原因は？

① 地球のかたむき　② 地球の重力
③ 潮の満ち引き

クイズ 68
大昔の生き物の死がいが地層に残されたものを何という？

① 火石　② イヒ石　③ 化石

クイズ 69
冬に大陸側から大きく日本にはり出した高気圧を何という？

① 冬魔王　② 冬大王　③ 冬将軍

クイズ66〜73の答えは、156〜157ページにあるよ。

クイズ70
春に、昼と夜の時間が同じになる日を何という？

①夏至 ②秋分 ③春分

クイズ71
地面がずれて地震が起こりやすい場所は？

①角断層 ②活断層 ③壁断層

クイズ72
サンゴやカニの産卵が多いのは、どんな月の夜？

①満月 ②半月 ③三日月

クイズ73
太陽の光が通ると、色が分かれるものは次のどれ？

①プリズム
②プリーズ
③クリーム

太陽

もっと ひみつの クイズ の答え

クイズ 66 の答え ② 光が速い

光の速さは1秒間に約30万km、音の速さは1秒間に約330mです。稲妻が光ると、音はおくれて聞こえてきます。

クイズ 67 の答え ① 地球のかたむき

地球は少しかたむいた姿勢で太陽のまわりを回っています。地球と太陽の位置関係によって、日光が当たる時間や角度がちがうので四季の変化があります。

クイズ 68 の答え ③ 化石

かたい骨や貝殻などが化石として残ります。化石を調べると、その生き物が生きていた時代のことを知ることができます。

クイズ 69 の答え ③ 冬将軍

大陸の高気圧は冬将軍ともよばれます。このおかげで、冬の日本に台風はやってきませんが、日本海側に雪がふります。

冬　大陸の高気圧（冬将軍）

赤道

クイズ 70 の答え ③ 春分

春に昼と夜の時間が同じになる日を春分といい、秋は秋分といいます。

クイズ 71 の答え ② 活断層

地面（岩盤）がずれて地震が起こりやすい場所は、活断層とよばれます。

クイズ 72 の答え ① 満月

満月のときは大潮で、海水の満ち引きの差が大きくなります。満月の夜に合わせて産卵するのは、卵が遠くまで運ばれるからだと考えられています。

クイズ 73 の答え ① プリズム

太陽の光にかくされた色は、プリズムを通すと虹のようなたくさんの色になってあらわれます。

クイズ 74
月の大きさは、どれくらい？

❶ 地球の約半分　❷ 地球の約4分の1
❸ 地球の約10分の1

クイズ 75
太陽の大きさは、どれくらい？

❶ 地球の約9倍　❷ 地球の約19倍
❸ 地球の約109倍

クイズ 76
木星は、おもに何でできている？

❶ ガス　❷ 水　❸ 岩石

クイズ 77
世界で初めて小惑星の物質を地球に持ち帰った探査機は？

❶ いとかわ　❷ はやぶさ　❸ はやかわ

クイズ 78

太陽表面の温度が
低い場所を何という？

❶赤点　❷黒点　❸白点

クイズ 79

惑星でないのは、次のどれ？

❶天王星　❷海王星　❸冥王星

クイズ 80

太陽系で、水星と地球の間に
ある惑星は何？

❶金星
❷火星
❸土星

太陽　水星　地球

クイズ 81

太陽の寿命は、
あとどれくらい？

❶5億年　❷50億年　❸500億年

159

もっと ひみつの クイズの答え

クイズ 74 の答え ❷ 地球の約4分の1

月の大きさは、地球の約4分の1です。地球の直径の30倍ほどはなれたところを、約27日と8時間かけて回っています。

クイズ 75 の答え ❸ 地球の約109倍

太陽の直径は139万2000kmで、地球の約109倍です。

クイズ 76 の答え ❶ ガス

木星は、ほとんどがガスからできています。太陽系最大の惑星です。

クイズ 77 の答え ❷ はやぶさ

小惑星イトカワ

はやぶさは、2003年に打ち上げられた小惑星探査機です。小惑星イトカワの物質を採取し、2010年に持ち帰りました。

クイズ 78 の答え ② 黒点

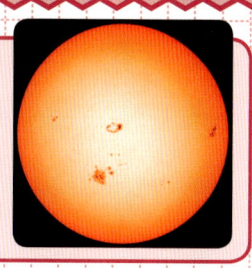

太陽表面にあらわれるシミやホクロのような黒い点を黒点とよびます。まわりにくらべて温度が低いため、うす暗く見えます。

クイズ 79 の答え ③ 冥王星

太陽系の9番目の惑星とされていましたが、2006年から惑星ではなく準惑星に分類されました。

クイズ 80 の答え ① 金星

水星と地球の間にある惑星は金星です。明けの明星や、よいの明星として地球から肉眼で観察することができます。

クイズ 81 の答え ② 50億年

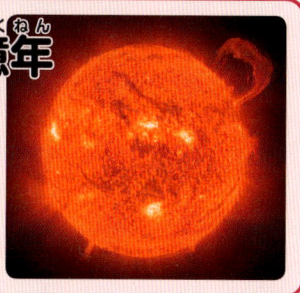

太陽の現在の年齢はおよそ50億さいです。太陽くらいの星は、約100億年で一生を終えるといわれており、あと50億年はかがやき続けると考えられています。

黄色い新幹線は、何のための新幹線？

この黄色い新幹線の名前は、
ドクター・イエロー。
何のために走っているのでしょう。

❶ イベントで使うため
❷ 安全を確かめるため
❸ 病気の人を急いで
運ぶため

線路や架線の安全を確かめるため

　７両編成でつくられたドクター・イエローは、時速270㎞で走りながら、線路や架線の検査をしています。東海道、山陽新幹線を月に３回くらい走っています。

パンタグラフで架線をチェック！

2、6号車のパンタグラフで、架線を検査しています。

1秒間に1500回もレーザーを当て、減り具合などを調べます。

線路や信号などをチェック！

線路のわずかなゆがみをレーザーを使って見つけ出します。信号など電気関係の検査も行っています。

夜に修理、朝に点検

ドクター・イエローが見つけ出したゆがみなどは、最終電車が走り終わった夜、マルチプルタイタンパーという車両で、1mm単位でなおします。また、朝いちばん電車が走る前に高速点検車が全線を走ります。線路に落ちているものはないかなどを調べます。

マルチプルタイタンパー

高速点検車

ヨットは向かい風のときどうやって前に進む？

風の力で進むヨットは、向かい風でも前に進むことができます。どんなふうに前に進んでいくでしょう？

❶ 真っすぐに進む

❷ 回転しながら進む

❸ ジグザグに進む

左右(さゆう)に方向(ほうこう)を変(か)えながらジグザグに進(すす)む

　ヨットが風(かぜ)に向(む)かって進(すす)むときには、セイル（帆(ほ)）を風(かぜ)と平行(へいこう)にして風(かぜ)を受(う)けます。

　セイルは風(かぜ)の力(ちから)でふくらみ、飛行機(ひこうき)のつばさのような形(かたち)になります。すると風(かぜ)の向(む)きに直角(ちょっかく)に進(すす)もうとする力(ちから)（揚力(ようりょく)）が発生(はっせい)します。

　これだけではヨットは横(よこ)に流(なが)されてしまい、うまく風(かぜ)のふいてくる方向(ほうこう)に進(すす)んでくれません。そのため船底(せんてい)にキールという板状(いたじょう)のものを取(と)り付(つ)け、後方(こうほう)に流(なが)される力(ちから)を止(と)めて前(まえ)に進(すす)む力(ちから)（推進力(すいしんりょく)）を得(え)ています。

　しかし、風(かぜ)に向(む)かって真(ま)っすぐに進(すす)むことはできないので、風(かぜ)の方向(ほうこう)の45度前方(どぜんぽう)に向(む)かって、左右(さゆう)に方向(ほうこう)を変(か)えながらジグザグに進(すす)んでいきます。

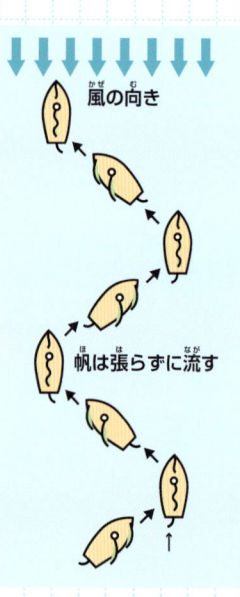

風(かぜ)に向(む)かって進(すす)むときのそうじゅう方法(ほうほう)

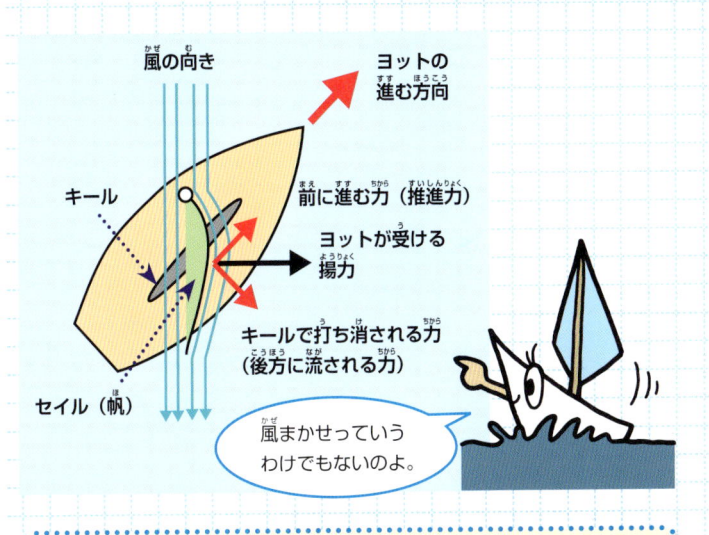

風の向き

ヨットの進む方向（すすむほうこう）

キール

前（まえ）に進（すす）む力（ちから）（推進力（すいしんりょく））

ヨットが受（う）ける揚力（ようりょく）

キールで打（う）ち消（け）される力（ちから）（後方（こうほう）に流（なが）される力（ちから））

セイル（帆（ほ））

風（かぜ）まかせっていうわけでもないのよ。

風の力（かぜのちから）を使（つか）って進（すす）む帆船（はんせん）

帆船（はんせん）は、風（かぜ）の力（ちから）を利用（りよう）して帆（ほ）とマストを使（つか）って走（はし）ります。今（いま）ではおもに学校（がっこう）の練習船（れんしゅうせん）として、世界（せかい）の海（うみ）を航海（こうかい）しています。

海王丸（かいおうまる）

1989年（ねん）に完成（かんせい）した日本（にほん）の航海練習船（こうかいれんしゅうせん）。全長（ぜんちょう）約（やく）110m。

あくびが出^でるのは なぜ？

　ねむくなると、あくびは
自動的^{じどうてき}に出^でてきます。
　なぜあくびは出^でるのでしょう。

❶ ねむけをさますため

❷ 口^{くち}が開^{ひら}かなくなるのを
　　ふせぐため

❸ 歯^はに空気^{くうき}を当^あてるため

ねむけをさます ストレッチの はたらきをする

あくびが出るのは、たいていは、ねむいのに起きていなければならないときです。そんなときに、あくびは自動的に出て、脳やからだにしげきをあたえる「ストレッチ体操」のようなはたらきをすると考えられています。

ねむいけど、がんばって起きていないと…。

いかん！あくびですっきりさせよう！

※あくびが出る理由については、まだわかっていないことが多くあります。また、病気と関係したあくびもあるので、注意が必要です。

動物もあくびをする

家で飼っているイヌやネコのあくびを見たことがある人は、多いことでしょう。ペットだけでなく、野生動物もあくびをします。哺乳類のほかに、カメなどの爬虫類や、オウムなどの鳥類も、あくびをするといわれています。

ライオン

キタゾウアザラシ

サバンナヒヒ

顔の筋肉と脳

右の図は、顔の筋肉と脳の関係をあらわしています。あくびのとき、口を大きく開けると、こう筋（かむための筋肉）などが大きくのびます。このとき出る筋肉からの信号が脳（大脳）に伝わると、脳がしげきを受け、一時的にすっきりした状態になります。

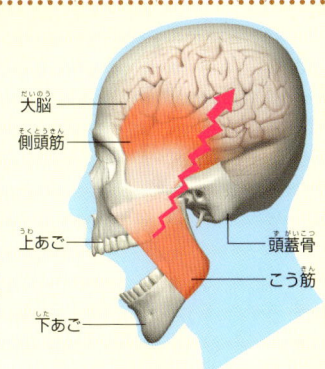

大脳
側頭筋
上あご
頭蓋骨
こう筋
下あご

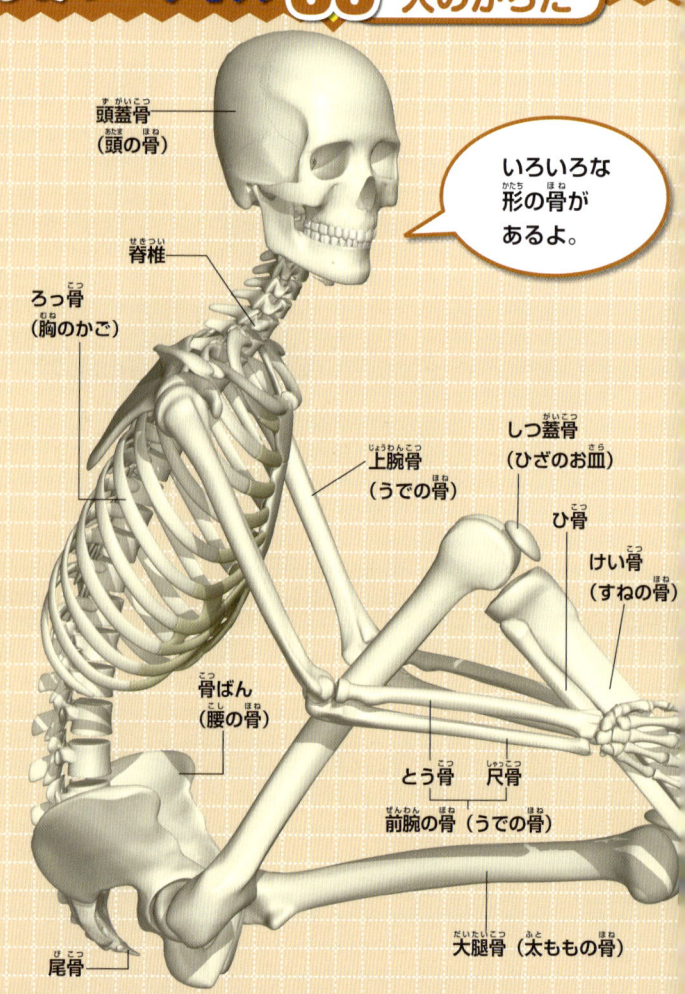

頭蓋骨
（頭の骨）

いろいろな
形の骨が
あるよ。

脊椎

ろっ骨
（胸のかご）

上腕骨
（うでの骨）

しつ蓋骨
（ひざのお皿）

ひ骨

けい骨
（すねの骨）

骨ばん
（腰の骨）

とう骨　　尺骨
前腕の骨（うでの骨）

大腿骨（太ももの骨）

尾骨

骨の数は大人と子どもではちがう？

ヒトのからだを支えているのは、200もの骨の組み合わせからできた骨格です。その骨の数は、大人と子どもではちがうのかな？

❶ 大人の方が多い

❷ 子どもの方が多い

❸ 同じ

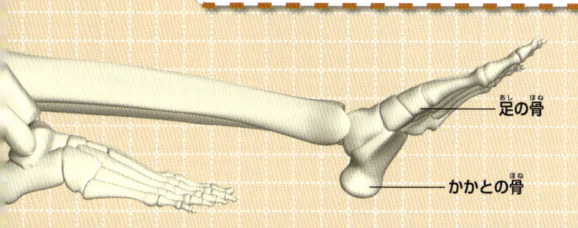

手の骨

足の骨

かかとの骨

骨が完成していない子どもの方が多い

　子どものころのからだの骨には、軟骨（やわらかな骨）という部分がたくさんあり、はなればなれになっています。軟骨は、大人になるとくっついてひとつになっている場合があるので、子どもの方が骨の数が多くなります。

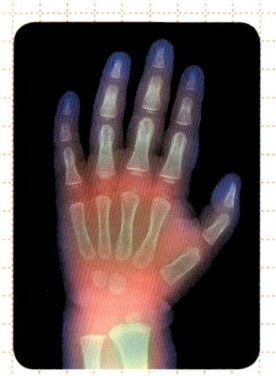

子ども（3さい）の手のX線写真
骨の両はしが軟骨なので、写真にはうつらず、はなれているように見えます。

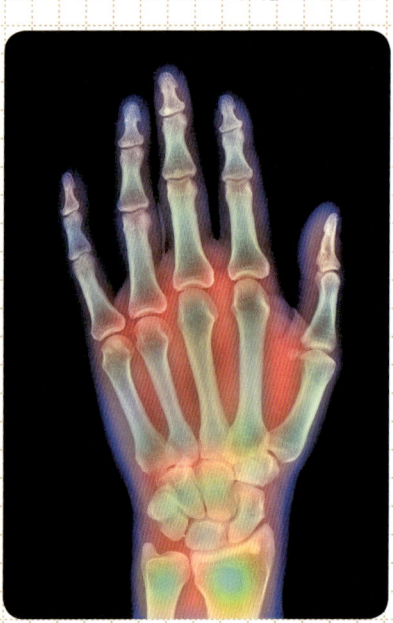

大人（20さい）の手のX線写真
骨が完成して、つながって見えます。

子どもの骨と大人の骨

　子どもの骨の青い部分は成長軟骨でつくられていて、成長とともに長くなります。大人になると骨は太く長くなって完成します。まだ青い部分は、からだをしなやかに動かすための軟骨です。

子どもの骨（6さいごろ）

大人の骨

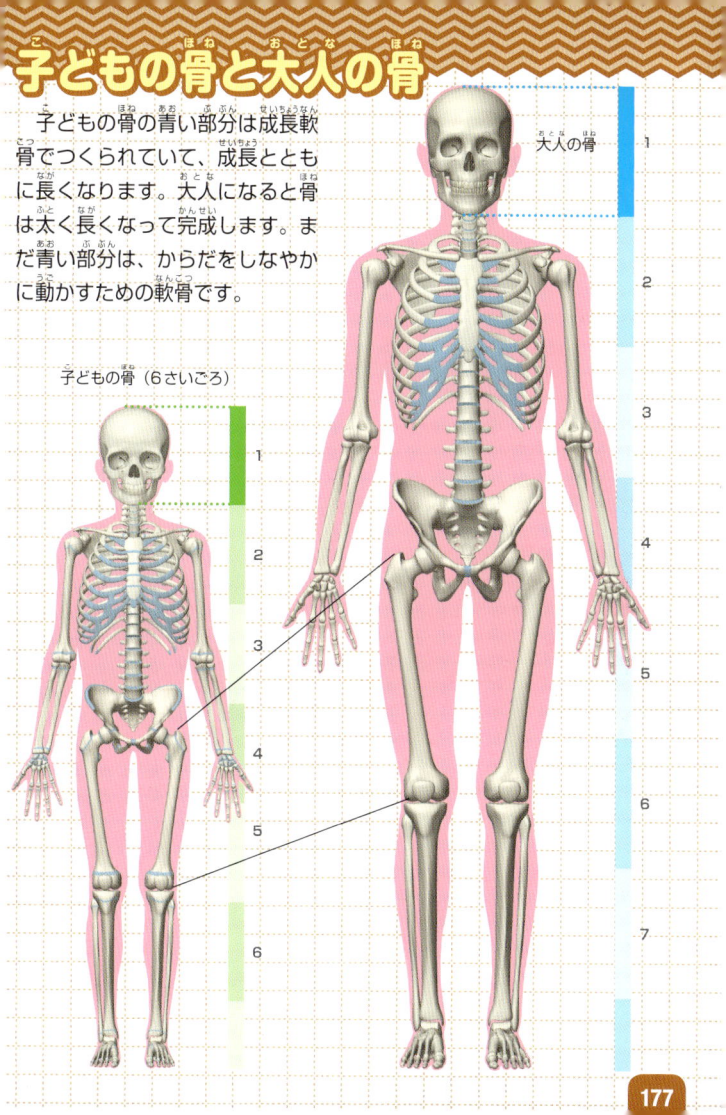

かぜのおもな原因_{げんいん}は？

のどの痛_{いた}みやせき、鼻水_{はなみず}や鼻_{はな}づまり、おなかの痛_{いた}みや熱_{ねつ}などの症状_{しょうじょう}を引_ひき起_おこす原因_{げんいん}は何_{なん}でしょう。

のどの痛_{いた}みやせき

鼻水_{はなみず}や鼻_{はな}づまり

かぜを引き起こす犯人のほとんどはウイルス

ウイルスは大きさ約0.0001mmしかありません。ウイルスは、ほかの生物の細胞を利用して、自分のなかまを増やします。

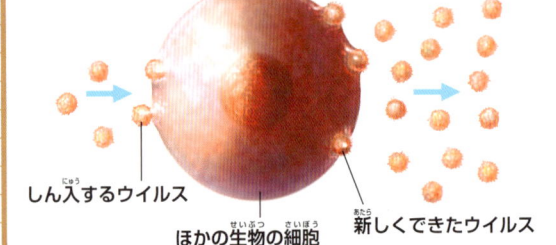

しん入するウイルス

ほかの生物の細胞

新しくできたウイルス

アデノウイルス

写真は電子顕微鏡で見たアデノウイルスです。ひとつひとつは、上の図のようなふしぎなすがたをしています。

重い症状を引き起こすインフルエンザ

　インフルエンザウイルスが原因のかぜの一種で、重い症状が出ます。インフルエンザウイルスは毎年のように変身（変異）するので、からだに入ると、からだの防衛能力（免疫力）があまりはたらかず、病気になってしまいます。

→インフルエンザウイルス（A型）

変身の名人なのだ！

いちばんはずむ
ボールは？

ボールを1mの高さから、コンクリートの床に落としました。どのボールがいちばんよくはずむのでしょうか？

バスケットボール　　　　　　　　　　　サッカーボール

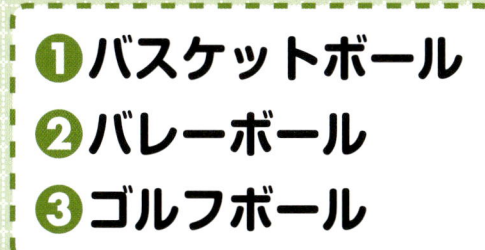

1. バスケットボール
2. バレーボール
3. ゴルフボール

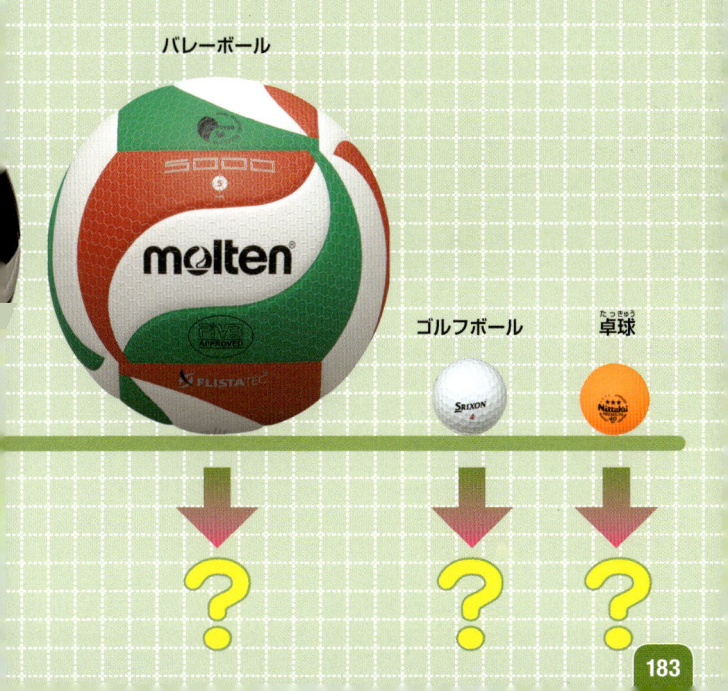

バレーボール

ゴルフボール

卓球（たっきゅう）

いちばんはずむのは ゴルフボール

　いちばんよくはずんだのは、81cmのゴルフボールです。そのほかのボールの、はずむ高さも調べてみました。上にあるほど、高くはね返ったボールです。

■直径　■重さ

ドッジボール　75cm
■20cm　■300～320g

バレーボール　64cm
■21cm　■260～280g

卓球　71cm
■4cm　■2.7g

水球　80cm
■22cm
■400～450g

ソフトボール 45cm
■約9.7cm
■185～195g

ソフトテニス 48cm
■6.5～6.7cm
■30～31g

セパタクロー 49cm
■13.1～13.7cm
■170～180g

硬式野球　25cm
■7.3～7.5cm
■141.7～148.8g

フットサル 34cm
■20cm
■400～440g

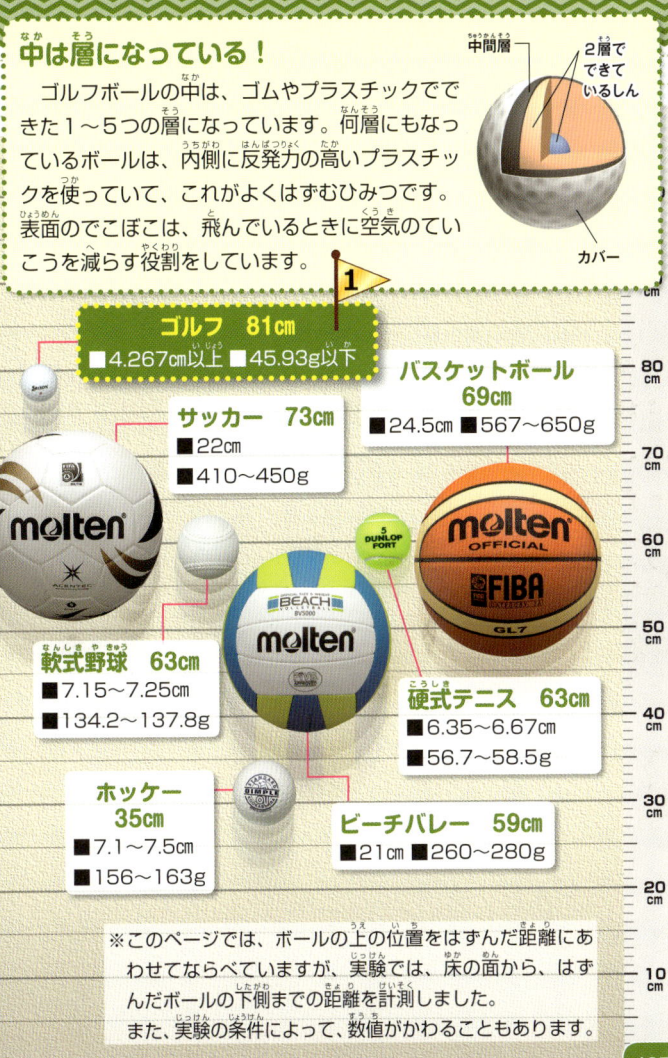

中は層になっている！

ゴルフボールの中は、ゴムやプラスチックでできた１〜５つの層になっています。何層にもなっているボールは、内側に反発力の高いプラスチックを使っていて、これがよくはずむひみつです。表面のでこぼこは、飛んでいるときに空気のていこうを減らす役割をしています。

中間層　２層でできているしん

カバー

ゴルフ　81cm
■4.267cm以上　■45.93g以下

バスケットボール　69cm
■24.5cm　■567〜650g

サッカー　73cm
■22cm
■410〜450g

軟式野球　63cm
■7.15〜7.25cm
■134.2〜137.8g

硬式テニス　63cm
■6.35〜6.67cm
■56.7〜58.5g

ホッケー　35cm
■7.1〜7.5cm
■156〜163g

ビーチバレー　59cm
■21cm　■260〜280g

※このページでは、ボールの上の位置をはずんだ距離にあわせてならべていますが、実験では、床の面から、はずんだボールの下側までの距離を計測しました。また、実験の条件によって、数値がかわることもあります。

5円玉に
かいてある絵は？

　ふだん何気なく使っているお金には、硬貨（コイン）とお札があります。どちらも細かくデザインされています。では、5円玉の表にかいてある絵は何でしょう？

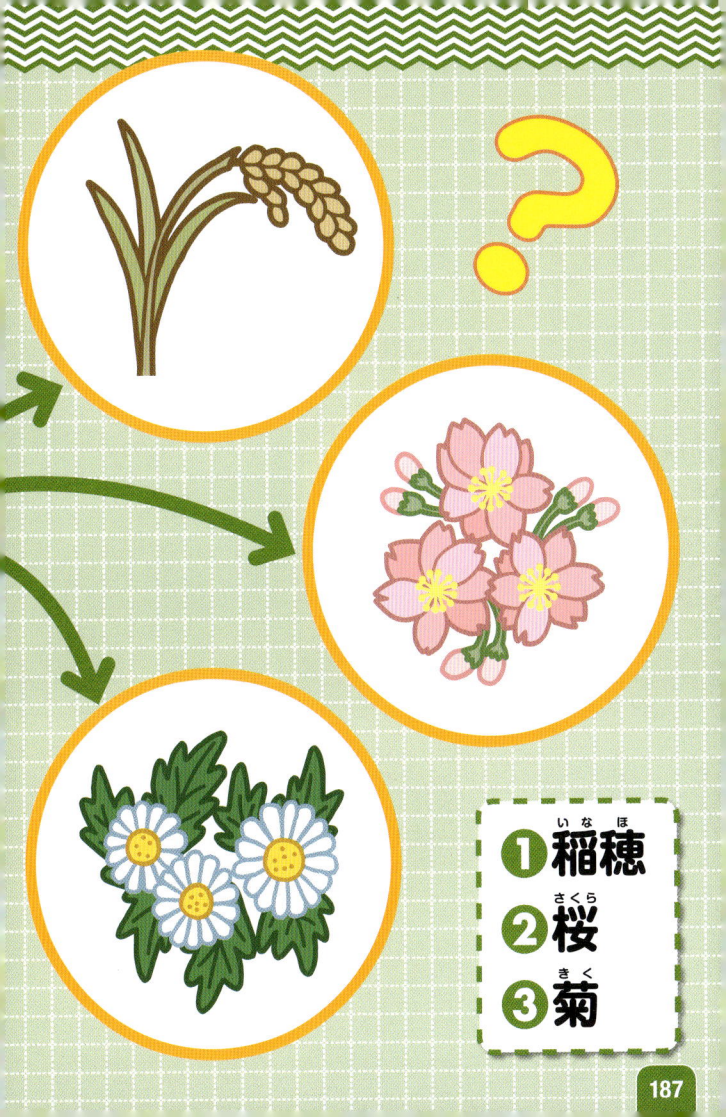

1 稲穂（いなほ）
2 桜（さくら）
3 菊（きく）

稲穂がかかれている

5円

5円玉の表には、稲穂、歯車、水がかかれています。そのほかのコインは次のようなデザインになっています。

- ■重さ:3.75g
- ■直径:22.00mm
- ■図がら:(表)稲穂、歯車、水 (裏)双葉

硬貨のサイズとデザイン

表

裏

1円
- ■重さ:1.00g
- ■直径:20.00mm
- ■図がら:(表)若木 (裏)1

10円
- ■重さ:4.50g
- ■直径:23.50mm
- ■図がら:(表)平等院鳳凰堂、唐草 (裏)常盤木、10

硬貨のまわりにあるギザギザ

　500円硬貨、100円硬貨、50円硬貨のまわりにはギザギザがついています。その理由は「ほかの硬貨と区別するため」「偽造防止のため」です。平成12年以降に発行された500円硬貨には、ななめにギザギザがつけられています。これは、大量につくられている貨幣では世界初です。

上から50円、100円、500円

50円
- ■重さ：4.00g
- ■直径：21.00mm
- ■図がら：(表)菊花　(裏)50

100円
- ■重さ：4.80g
- ■直径：22.60mm
- ■図がら：(表)桜花　(裏)100

500円
- ■重さ：7.00g
- ■直径：26.50mm
- ■図がら：(表)桐　(裏)竹、橘、500

クイズ 89

エジプトのピラミッドのそばにある、スフィンクスの体_{からだ}はどれ？

❶ライオン ❷ラクダ ❸ヘビ

クイズ 90

このなかで、いちばん速_{はや}い新幹線_{しんかんせん}は？

❶0系_{ゼロけい} ❷N700系_{エヌ けい} ❸E5系_{イー けい}

クイズ 91

静電気_{せいでんき}の性質_{せいしつ}を利用_{りよう}したキッチン用品_{ようひん}はどれ？

❶アルミホイル ❷ペーパータオル ❸ラップ

 **クイズ 92**
氷は、どうやって冷やすと
とうめいになる？

❶速く冷やす ❷ゆっくり冷やす ❸塩を入れる

クイズ 93
1人分の血管を
全部つなぐと、
どれくらいある？

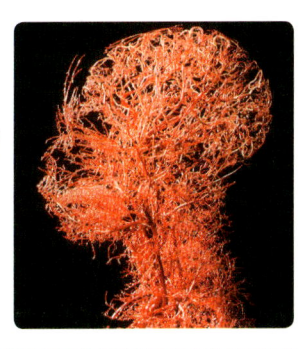

❶100mぐらい
❷日本列島ぐらい
❸地球2周くらい

 **クイズ 94**
血液が赤くない生き物は？

❶タコ ❷イヌ ❸ネコ

クイズ 95
つめとかみの毛、
速くのびるのはどっち？

❶つめ ❷かみの毛 ❸同じ

もっと ひみつの クイズの答え

クイズ 89 の答え ① **ライオン**

ライオンの体は「強さ」を、人間の顔は「知性」を表しているといわれています。

クイズ 90 の答え ③ **E5系（イーゴけい）**

E5系の最高時速は320kmとされています。先端部分のノーズ（鼻）が長く、空気抵抗が小さいため、より速く走ることができます。

クイズ 91 の答え ③ **ラップ**

ラップは、まいてあるものをはがして使いますが、はがすときに、静電気がラップのまわりに発生し、皿などにぴったりとくっつきます。

クイズ 92 の答え ② **ゆっくり 冷やす**

中が白く見える氷は、空気がとじこめられたり、ひびが入っているからです。冷凍庫の設定を弱にして、ゆっくり冷やすのがこつです。

クイズ 93 の答え ③ 地球２周くらい

血管は、あみの目のように、人体のすみずみまで張りめぐらされています。１人分の血管を全部つなぐと、地球を２周と４分の１回る長さです。

2周と4分の1

クイズ 94 の答え ① タコ

タコは、青みがかったような灰色っぽい血液をもっています。

クイズ 95 の答え ② かみの毛

つめとかみの毛は、ひふが変化したものです。つめは１か月間で約３mm、かみの毛は10mmほどのびます。

クイズ 96

屋根が山型に組み合わされた家は、何造りという？

❶山造り ❷合唱造り ❸合掌造り

クイズ 97

省エネで長持ちする照明器具はどれ？

❶電球 ❷蛍光灯 ❸LED

194

 **クイズ 98**

500円硬貨の0の部分に書かれている文字は？

❶日本国　❷500円　❸五百円

 **クイズ 99**

グランドピアノの音が大きいのは、何が振動するから？

❶弦　❷金管　❸鍵盤

 **クイズ 100**

パンダの耳は何色？

❶白　❷黒　❸決まっていない

もっと ひみつの クイズ の答え

クイズ 96 の答え ❸ 合掌づくり

両手を合わせている「合掌」のように見えることから名づけられました。雪の多い地方に見られ、雪の重さで屋根がつぶれないよう、雪が落ちやすくなっています。

屋根には雪がたまらないんだ。

クイズ 97 の答え ❸ LED（エルイーディー）

LEDは電気を流すと発光する半導体のチップを組み合わせてできています。たとえば、信号を電球からLEDにかえると、消費電力は5分の1以下になるといわれています。

クイズ 98 の答え ❷ 500円

500円硬貨をよく見てみると、0の部分の内側に、たて書きの「500円」が見えかくれします。

グランドピアノの弦は、全部で約230本あります。鍵盤をおすと、弦が振動するので音が出ます。いい音が出ると、心にもひびきます。

弦

鍵盤

パンダの耳は黒色です。とくに赤ちゃんがかわいいのは、「大きな頭」「ぎこちない動き」などの『幼児信号』を出しているからといわれています。人間は、この信号をもっている赤ちゃんを「かわいい」と感じ、「世話をしたい」と思うといわれています。

■監修

北海道大学名誉教授　阿部和厚（あべかずひろ）

筑波大学名誉教授　猪郷久義（いごうひさよし）

動物科学研究所所長　今泉忠明（いまいずみただあき）

元千葉県立中央博物館副館長　大場達之（おおばたつゆき）

東京農業大学教授　岡島秀治（おかじましゅうじ）

上野動物園元園長　小宮輝之（こみやてるゆき）

国立科学博物館名誉研究員　武田正倫（たけだまさつね）

元東京航空地方気象台長・科学ライター　饒村曜（にょうむらよう）

国立科学博物館主任研究員　真鍋真（まなべまこと）

宇宙航空研究開発機構准教授　吉川真（よしかわまこと）

■写真
跡土技術写真事務所
アディダス ジャパン株式会社
アニマルボイス社
荒川健一
猪飼晃
猪飼和子
稲垣博司
井上孝
入江正己
宇宙航空研究開発機構（JAXA）
オアシス
海洋研究開発機構
かかみがはら航空宇宙科学博物館
川嶋隆義
株式会社モルテン
株式会社やまね
岐阜県白川村役場
ゲッティ イメージズ
小宮輝之
鈴木英治
全日本空輸株式会社
田口孝充
田口精男
田中克昌（東京工業大学 大学院
情報理工学研究科 助教）
長崎市文化観光部さるく観光課

日本気象協会
日本雑誌協会
ネイチャー・プロダクション
　　今森 光彦
　　清水 清
　　栗林 慧
　　新開 孝
　　福田 俊司
　　小林 安雅
　　Auscape
　　Nature Picture Library
　　Minden Pictures
藤井旭
藤原尚太郎
元浦年康
ヤクルト
山口茂
ヤマハ株式会社
与古田松市
GIN
JPL／NASA
OPO
PPS通信社
SOHO／NASA
STScI／NASA

■イラスト・図版
石田澄代
いずもり・よう
板垣真誠
伊藤一穂
今井桂三
小田隆
オフィス・イディオム
香川元太郎
上村一樹
川下隆
黒木博
菅谷中
種田瑞子
徳山広和
土門トキオ
中倉眞理
マカベアキオ
吉見礼司

■協力
足立区生物園

■編集協力
アニマルボイス社
　（田口精男・藤原尚太郎）
オフィス・イディオム
　（松本義弘・多田真理子）
Studio Porcupine
　（川嶋隆義・寒竹孝子）
高岡昌江
三品隆司

■装丁・デザイン
神戸道枝

■レイアウト
神戸道枝
友田和子
松本久代

■編集
松下清（編集長）
鈴木一馬
百瀬勝也
西川寛
牧野嘉文
石河真由子

学研の図鑑 LIVE

ひみつの クイズ図鑑

新装版

2012年12月19日 第1刷発行
2019年10月15日 新装版 第1刷発行

発行人　土屋　徹
編集人　芳賀靖彦
発行所　株式会社　学研プラス
　　　　〒141-8415
　　　　東京都品川区西五反田2-11-8
印刷所　共同印刷株式会社

■この本に関するお問い合わせ先
●本の内容については
　Tel：03-6431-1280（編集部直通）
●在庫については
　Tel：03-6431-1197（販売部直通）
●不良品（乱丁、落丁）については
　Tel：0570-000577
　学研業務センター
　〒354-0045
　埼玉県入間郡三芳町上富279-1
●上記以外のお問い合わせは
　Tel：03-6431-1002
　（学研お客様センター）

■学研の書籍・雑誌についての新刊情報・
　詳細情報は、下記をご覧ください。
　学研出版サイト
　https://hon.gakken.jp/

100問クイズ
おつかれさま！

何問できた
かな？

キミの点数は？

点